Business-Knigge

Die besten Tipps für stilsicheres Auftreten

Kai Oppel

3. Auflage

C.H.BECK

So nutzen Sie dieses Buch

Die folgenden Elemente erleichtern Ihnen die Orientierung im Buch:

Beispiel

In diesem Buch finden Sie zahlreiche Beispiele, die die geschilderten Sachverhalte veranschaulichen.

Definitionen

Hier werden Begriffe kurz und prägnant erläutert.

! Die Merkkästen enthalten Empfehlungen und hilfreiche Tipps.

Auf den Punkt gebracht

Am Ende jedes Kapitels finden Sie eine kurze Zusammenfassung des behandelten Themas.

Inhalt

Vorwort

Den Wassertank der Kaffeemaschine nicht nachfüllen, eine fehlerhafte E-Mail an den Kunden versenden, eine schlecht vorbereitete Besprechung abhalten: Während eines neunstündigen Arbeitstages können Sie nicht nur viel Arbeit erledigen, sondern auch in einige Knigge-Fettnäpfchen treten. Wer nicht achtgibt, verspielt sich mit falschen Äußerungen oder unhöflichen Gesten schnell das Ansehen oder gefährdet sogar die Geschäftsbeziehung.

Mit diesem Buch gehen Sie als Leser durch einen kompletten Arbeitstag. Von der morgendlichen Kleiderwahl über das Mittagessen bis zur Telefonkonferenz nimmt es im Stundentakt verschiedene Situationen aus dem Berufs- und Geschäftsalltag unter die Lupe – und durchleuchtet sie auf typische Kniggeregeln.

Dabei versteht sich dieses Buch nicht nur als Ratgeber, der weit mehr als einhundert verschiedene Benimmregeln vorbetet. Schließlich würde dies dem Namen „Knigge" nicht gerecht werden. Vielmehr sollen die folgenden Seiten Ihr Bewusstsein für den Unterschied zwischen Benimmregeln und Manieren schärfen. Dass die Zeit reif ist für diesen Schritt, zeigen die öffentliche Empörung über das als maßlos empfundene Auftreten des Limburger Bischofs, die Frage persönlicher Vorteilsnahme von Politikern oder der Blick auf korrupte Manager und Vorstände. Sie alle haben einst geglänzt und wussten sich auf dem Parkett zu bewegen. Es geht nicht um den ersten positiven Eindruck und den äußeren Schein allein. Dieser ist bei vielen Menschen im Berufsalltag mustergültig. Vielmehr geht es um Werte,

Normen und Einstellungen – die durch ein bestimmtes Auftreten offenkundig werden und auf Ablehnung stoßen.

Beim Lesen werden Sie erkennen, dass das Beherrschen von Benimmregeln nicht automatisch zu einem manierlichen Umgang führt – sondern dass alle Regeln stets auf einen respektvollen, rücksichtsvollen, interessierten und gelassenen Charakter zurückgehen.

Falls Sie sich über dieses Buch hinaus besonders für das korrekte Benehmen auf internationalem Parkett interessieren, möchte ich Ihnen gerne meinen speziellen Titel zu diesem Thema empfehlen.

Ich wünsche Ihnen nun viel Spaß beim Lesen.

Kai Oppel, München
im November 2013

7.00 Uhr: Aufstehen

Pünktlichkeit

Eine Charaktereigenschaft, die Deutschen neben der Akkuratheit zugeschrieben wird, ist die Pünktlichkeit. Bemühen Sie sich daher stets, zur verabredeten Zeit am verabredeten Ort zu sein. Schlimmstenfalls wertet Ihr Gegenüber die Unpünktlichkeit als Geringschätzung, wegen der er seine eigenen Termine verschieben muss – oder sich im Tagesablauf selbst verspätet. Damit der Terminplan nicht bereits am Morgen ins Wanken gerät, ist es wichtig, dass Sie rechtzeitig aufstehen.

- Planen Sie Ihre Termine realistisch, damit Verspätungen nicht programmiert sind.
- Denken Sie an Wegzeiten und kurze Pausen zwischen Terminen.
- Sollten Sie sich um mehr als zwei Minuten verspäten, teilen Sie Ihre Unpünktlichkeit per Handy mit.

Erscheinungsbild

Der frühere Gucci-Designer Tom Ford hat in einem Interview erklärt, dass er sich nicht deodoriere, weil er es möge, wie sich sein Körper im Lauf des Tages verändert. Wenn Sie nicht Tom Ford sind, sei davon abgeraten. Es bleibt unerklärlich, warum sich so viele Menschen nicht täglich ordentlich waschen und anschließend ein Antitranspirant benutzen. Ein gepflegtes Erscheinungsbild ist Ausdruck dessen, wie ernst Sie sich selbst und wie ernst Sie Ihre Arbeit nehmen. Körpergeruch ist ein Karrierekiller und ein grober Kniggeverstoß. Erstens demonstrieren unreinliche Mitarbeiter, wie wichtig sie sich selbst nehmen – nämlich gar nicht. Zweitens bringen müffelnde Zeitgenossen ihre Kollegen in Bedrängnis. Diesen ist es ob der Höflichkeit äußerst peinlich, das Thema anzusprechen.

Misskenne eigenen Wert nicht

Das Erscheinungsbild drückt die Wertschätzung aus, die man sich selbst entgegenbringt. Man pflegt sich also nicht für andere – sondern für sich selbst. „Gehe nicht schmutzig, nicht zerlumpt (...). Misskenne Deinen eigenen Wert nicht", sagte schon Knigge.

Bart und Frisur

Eine Frisur heißt „Frisur", weil regelmäßig ein Friseur oder ein Mensch eingreift, der eine Schere zu bedienen weiß. Männer sollten stets auf einen ausrasierten Nacken achten (alle zwei bis vier Wochen). Bei der Haarfarbe gilt: Extreme Strähnen und Farbtöne sollten gemieden werden.

Das Thema Achselbehaarung müsste an dieser Stelle eigentlich nicht behandelt werden, da sich im Arbeitsalltag freizügige Kleidung von selbst verbietet. Frauen, die jedoch nicht ausschließen können, dass ein Blick auf ihre Achseln fällt, sollten sich die Achselhaare rasieren. In Ländern wie Amerika gelten unrasierte Achseln als No-Go und auch hierzulande finden immer mehr Menschen daran Anstoß.

Die Frage, ob Männer im Berufsleben einen Bart tragen sollten, hat bereits selbst einen Bart. Fakt ist: Der Bart feiert seit einigen Jahren ein Revival. Verzichteten zunächst erst Berliner Hipster auf die tägliche Rasur, so ist die uniform lässige Gesichtsbehaarung unter Mitzwanzigern bis Mittvierzigern aktuell in ganz Deutschland anzutreffen. Nicht nur in der Kommunikationsbranche, sondern selbst in vielen traditionellen Branchen scheint der Dreitagebart wieder salonfähig. Doch Vorsicht: Wenn Sie einen Bart tragen, muss dieser gepflegt sein. Und: Je mehr Bart, desto perfekter muss die Frisur sitzen.

Vollbärte galten lange Zeit als Zeichen sozialistischen Aufruhrs, worüber sich Männer mit wallender Gesichtshaarpracht klar sein sollten. Denn: In den seltensten Fällen verdienen sie ihr Geld als Model für eine Wodkamarke – sondern mit einem anderen Job. Vorsicht ist bei diesem Thema geboten, weil diese Mode ebenso schnell vorbei sein kann, wie sie aufgetreten ist.

Auf den Punkt gebracht

- Stehen Sie pünktlich auf, um Hektik zu vermeiden.
- Duschen Sie täglich, achten Sie auf Ihre Körperhygiene. Trockene Haut ist kein Freibrief für Körpergeruch.
- Wählen Sie eine Frisur, die Ihrer Position im Unternehmen entspricht. Strubbelhaare sind etwas für Teenager, nicht für Abteilungsleiter.

7.30 Uhr: Ankleiden

„Kleide Dich nicht unter und nicht über Deinem Stand, nicht über und nicht unter Dein Vermögen, nicht phantastisch, nicht bunt, nicht ohne Not prächtig, glänzend noch kostbar, aber reinlich, geschmackvoll und, wo Du Aufwand machen musst, da sei Dein Aufwand zugleich echt und schön!", postulierte Knigge in seinem Werk vor mehr als 200 Jahren.

Wenn Sie heute hauptsächlich in Deutschland unterwegs sind und wenig mit ausländischen Geschäftspartnern zu tun haben, ist Ihnen mit dieser Regel bereits entschieden geholfen. Wenn Sie jedoch oftmals nach Russland oder Italien reisen beziehungsweise mit Geschäftspartnern aus diesen Regionen verkehren, sollten Sie Knigges Rat nicht ganz so ernst nehmen. Denn dort ist es durchaus üblich, sich besonders gut zu kleiden – und zwar etwas über den eigenen Stand hinaus. Ein russischer Geschäftspartner könnte beispielsweise am Status zweifeln, wenn die Business-Garderobe zu nachlässig ausfällt oder wichtige Statussymbole wie eine Uhr fehlen. Gute Kleidung ist ein erster Garant, um im Geschäftsleben ernst genommen zu werden. Ein Geschäftsmann ohne Krawatte beispielsweise wird in Japan nicht als Geschäftsmann erkannt. Welche Wirkung kurzzeitig ausgezogene Schuhe haben können, verdeutlicht das nachfolgende Beispiel.

Barfuß oder Lackschuh

In einem Unternehmen ist eine junge Mitarbeiterin befördert worden. Die Frau hat einen guten Stil, legt aber auch Wert auf Bequemlichkeit. Als es im Sommer warm ist, zieht sie ihre Schuhe aus und läuft in Söckchen durch den Flur. Just in die-

sem Moment begegnet ihr einer der beiden Vorstände. Bei der nächsten Besprechung sagt dieser mit Blick auf einen aktuellen Fehler der Mitarbeiterin: „Wer barfuß durch das Unternehmen läuft, von dem darf man wahrscheinlich auch nicht erwarten, dass er andere Aufgaben ernst nimmt."

Grundsätzliches zur Garderobe und Kleiderwahl

Über eines sollte sich jeder im Klaren sein: Kleidung ist Kommunikation. Je nachdem, wie seriös oder nachlässig man sich kleidet, so wird man auf den ersten Blick von seinem Gegenüber eingeschätzt. Wenn Sie also bestimmte Reaktionen oder Vorurteile vermeiden möchten, sollten Sie sich entsprechend präsentieren und daran denken, dass Sie mit der Kleidung Signale senden, die andere dekodieren.

Dresscode

Fast jedes Unternehmen hat mittlerweile einen schriftlich fixierten oder unausgesprochenen Dresscode. Er dient der ersten Orientierung. Wer neu in einem Unternehmen startet, kann sich auf der Homepage des Arbeitgebers einen ersten Eindruck verschaffen, wie die Mitarbeiter gekleidet sind. Am ersten Arbeitstag kann man nachfragen, ob es einen speziellen Dresscode gibt.

Nackte Haut kostet Autorität und Ansehen

Männer und Frauen sollten im Geschäftsleben niemals mehr Haut zeigen als notwendig. Wer zu viel Haut zur Schau trägt, sendet falsche Signale und verspielt Autorität.

Sie sind Führungskraft? Dann sollten Sie auch entsprechend wahrgenommen werden – und nicht als Sexobjekt oder Sportler. Das bedeutet auch, dass beim Hemd maximal der oberste Knopf geöffnet wird und nicht – wie bei Formel-1-Chef Flavio Briatore – die halbe Knopfleiste.

! Ob Regen oder Sonne – Stil hat immer Saison

Stil ist keine Frage des Wetters. Vernachlässigen Sie Ihren Kleidungsstil nicht bei extremen Temperaturen.

Männer können im Büro eigentlich nur Anzug tragen bzw. eine Stoffhose mit Hemd. Bei Frauen ist die Bandbreite schon etwas größer. Hier sind Rock, Bluse, Blazer, Kostüm, Hosenanzug oder Kleid möglich, wobei das Kleid beziehungsweise der Rock über die Knie gehen muss und zum Kleid stets eine Strickjacke gehört, die die Schultern bedeckt. Die Beine sind immer bestrumpft – auch im Sommer. Falls Sie gerne Schmuck tragen, sollten Sie darauf achten, nie mehr als fünf Schmuckstücke gleichzeitig zu präsentieren.

Jackett und Sakko dürfen Sie als Erster ablegen, wenn Sie in der Hierarchie ganz oben stehen. Ansonsten heißt es: Schwitzen bis sich der Ranghöhere seines Sakkos entledigt. Im Stehen muss immer mindestens ein Knopf des Sakkos geschlossen sein. Dabei gilt folgende Schließordnung:

- 2-Knopf-Sakko: oberer Knopf
- 3-Knopf-Sakko: entweder der mittlere Kopf oder die oberen beiden Knöpfe
- 4-Knopf-Sakko: entweder die Knöpfe in der Mitte oder die drei obersten Knöpfe

Dezenter und klassischer Kleidungsstil

Bei der Farbwahl fährt derjenige besser, der auf besonders ausdrucksstarke Farben verzichtet. Knallige Farben sind im Urlaub erlaubt – aber nicht im Büro. Wer auf Farben und neueste Schnitte nicht verzichten möchte, darf niemals versäumen, die getragene Kleidung nach einer Saison aus dem Schrank zu verbannen. Es ist peinlich, die Mode-Highlights aus dem vorletzten Jahr im Job vorzuführen. Etwa zeitgleich mit dem Aufkommen des Dreitagebarts sind Anzughosen zum Fuß hin nochmals deutlich enger und vor allem kürzer geworden. Zusätzlich lugen seit einiger Zeit bei vielen Herren farbige Socken hervor. Je nach Branche wird dieser Trend aktuell im Geschäftsleben toleriert. Wagen Sie diesen Schritt jedoch nur, wenn Sie sich sicher sind, dass das in Ihrer Branche auch so ist.

Im Zweifel für den Zweifel

Falls Sie sich selbst die Frage stellen „Kann ich diese Kleidung im Büro tragen?", so ist bereits die Frage die Antwort. Und diese lautet: „Nein." Wenn Sie sich unsicher sind, ob ein Kleidungsstil ins Büro passt, sollten Sie keine Experimente wagen.

Qualität und Passform vor Marke

Wer in einem Unternehmen Karriere machen möchte, sollte jene Kniggeregel nicht ganz wörtlich nehmen, nach der man sich stets seinem Stand entsprechend kleiden sollte. Stattdessen ist es sinnvoller, wenn Sie sich im Berufsleben immer entsprechend der Position kleiden, die Sie gerne innehätten – also einen kleinen Tick besser als verlangt. Eine zweite Regel lautet: Wichtiger noch als ein Markenanzug oder ein -kostüm sind Kleider, die eine gute Passform aufweisen und von guter Qualität sind. An dieser Stelle kann Herren und Damen nur der Gang zum Maßkonfektionisten ans Herz gelegt werden. Preiswerte maßgeschneiderte Anzüge, Hemden und Blusen kosten meist noch immer 30 Prozent weniger als durchschnittliche und oftmals schlechtere Designerware von der Stange. Einen guten maßgeschneiderten Anzug beziehungsweise ein maßgeschneidertes Kostüm in passabler Stoffqualität gibt es ab rund 300 Euro. Ein angefertigtes Hemd oder eine Bluse können Sie ab zirka 50 Euro erwerben – zu einem ähnlichen Preis, den Sie oftmals auch für wesentlich schlechter sitzende Kleidung aus dem Modehaus bezahlen.

Die Wahl des richtigen Schuhwerks

Während immer mehr Männer bei Anzügen auf gute Qualität achten, treten sie mit ihren Schuhen völlig daneben. Wer im Berufsleben stilistisch auf sicherem Fuß unterwegs sein möchte, für den hat der Münchner Schuhexperte Eduard Meier einige Tipps parat. „Wer alle Schuhe aussortiert, die nicht schwarz und klassisch sind, kann weniger Fehler machen", sagt er. Bei der Schuhform rät er zu Oxford, Derby und Brogue (Budapester). Eckige Schuhformen, wie sie um die Jahrtausendwende angesagt waren, sind bereits wieder out. Budapester sollten laut Meier im Geschäftsleben weder aus grobem Leder gefertigt noch mit grober Perforation und schwerer Sohle ausgestattet sein.

Auf den Punkt gebracht

- Budapester/Brogue: Der Budapester unterscheidet sich vom Full Brogue durch die sportliche Derby-Schnürung. Zu erkennen ist er an der typischen Lochung. Getragen wird er zu Jeans-, Cord- oder Flanellhosen.
- Oxford: Beim Oxford handelt es sich um ein typisch englisch-elegantes Herrenschuhmodel mit geschlossener Schnürung. Durch sein Leder (Boxkalb) in Schwarz oder hochglanzpoliert ist er das eleganteste und klassischste Modell. Er passt ins Theater, auf Hochzeiten, in die Firma oder zum Sektempfang.
- Derby: Derby ist ein klassisches Schuhmodell mit offener Schnürung, gekennzeichnet durch den sogenannten Derby-Schaftschnitt. Kann gut in Büro und Freizeit getragen werden, lässt sich leicht anziehen.

Die Sohle macht das Design

Immer ausgemustert werden sollten Schuhe mit einer zu klobigen Sohle, wie sie nicht nur von Mitarbeitern von Wachfirmen getragen werden – sondern leider auch immer wieder von Managern mit mangelndem Stilempfinden. Gemeint sind jene Sohlen, die einen Schuh wie einen Autoscooter aussehen lassen. „Nichts schmerzt das Auge mehr als ein gummiartig wirkender Roboterschuh mit einer überdimensionalen Sohle", warnt Meier. Leder sollte nach seinen Worten nicht beschichtet sein, es sieht sonst wie Kunststoff aus und hat ähnlich schlechte Trageeigenschaften. Bei den Strümpfen gilt: Niemals weiße Socken zum dunklen Anzug oder gar Tennissocken. Schwarze oder dunkelgraue Kniestrümpfe passen fast immer. Zu einem dunkelblauen Anzug können sie auch dunkelblau sein. Die Regel, nach der die Strumpffarbe immer einen Deut dunkler sein sollte als die Schuhe, stimmt grundsätzlich. Zu einem braunen Wildlederschuh und einer grauen Flanellhose wären aber auch Strümpfe in einem etwas helleren Grau passend.

Schwarz zu Schwarz

Zu einem schwarzen Gürtel gehören schwarze Schuhe, zu einem braunen Gürtel ist das Schuhwerk braun. Anzüge sollten stets aus einem Material und von einer Farbe sein. Auf Abendterminen sind schwarze Schuhe Pflicht. Denn: Nicht nur in England heißt es „No/Never brown after six".

Kleiderknigge kompakt für den Mann

- Kleiden Sie sich immer eine Position besser und wählen Sie klassische Schnitte.
- Hemden bleiben zugeknöpft. Es darf lediglich der oberste Kragenknopf geöffnet werden, wenn keine Krawatte umgebunden ist. Sobald eine Krawatte gebunden wird, müssen alle Knöpfe geschlossen sein.
- Tragen Sie ausschließlich Hemden in der Langarmvariante und niemals kurze Ärmel im Büro.
- Beine werden mit Kniestrümpfen bedeckt.
- Vorsicht bei Anzügen, die älter sind als fünf Jahre. Auch wenn Ihnen das gute Kleidungsstück aus den Zeiten der

Ausbildung noch passt: Die Gefahr ist zu groß, dass der Anzug völlig aus der Mode gekommen ist.

- In der Innentasche von Anzügen finden Sie Informationen zum Stoff. Bezeichnungen wie „Super 100" geben Auskunft über die Qualität der Schurwolle. Sie beschreiben die Feinheit des versponnenen Wollgarns. Je höher die Zahl, desto besser und teurer.
- Wenn Sie auf Nummer sicher gehen und knitterfrei unterwegs sein möchten, kaufen Sie „reine Schurwolle". Das bedeutet, dass die Fasern nach der Schur zum ersten Mal zu Garn gesponnen und verwebt werden. „Reine Wolle" bedeutet, dass es sich dabei um ein Recycling-Produkt aus Altkleidern und Faserresten handelt. Bei italienischen Anzügen müssen Sie nach dem Begriff „lana" Ausschau halten.
- Vorsicht mit Stoffen wie Baumwolle oder Leinen. Diese knittern schnell und sehen niemals perfekt aus.
- Achtung vor ausgefallenen Bindern: Muster wie Paisley (spitz zulaufende Blätter mit gebogenem Ende, die aussehen wie dicke Kommata) sind erlaubt. Krawatten mit Disneyfiguren und Batik bleiben immer im Schrank – selbst wenn es sich um gut gemeinte Weihnachtsgeschenke handelt.
- Manschettenknöpfe sind keine Frage der Hierarchieebene, sondern des Stils. Wer Hemden mit Manschettenknöpfen tragen möchte, darf dies tun.
- Apropos Hemden: Immer wieder ziehen Manager unter ein Businesshemd ein T-Shirt. Tun Sie dies nie! Es sieht furchtbar aus, wenn am Hemdkragen das T-Shirt heraus-

lugt. Unter ein Oberhemd gehört ein Unterhemd. Wenn es heiß ist, kann das Unterhemd weggelassen werden.

Kleiderknigge kompakt für die Frau

- Lassen Sie sich nicht von dem extrem freizügigen Kleidungsstil einiger Kolleginnen beeinflussen.
- Verzichten Sie auf kurze Röcke, tief ausgeschnittene Blusen sowie frei liegende Schultern.
- Spaghettiträger feiern ihren Auftritt stets im nächtlichen Club, niemals im Büro.
- Das Schuhwerk muss geschlossen sein, Sandalen und Flipflops bleiben selbst bei 35 Grad Celsius im Schrank.
- Meiden Sie übertriebene Muster.
- Die Beine werden immer bestrumpft, auch im Hochsommer.
- Achten Sie auf eine gute Qualität. Stoffe sollten nicht knittern und hochwertig aussehen.
- Notieren Sie sich Ihre Kleiderwahl bei wichtigen Kundenterminen, damit Sie ein einprägsames Outfit nicht doppelt tragen.
- Entscheiden Sie sich grundsätzlich für eine feminine Businessgarderobe, die jedoch nicht sexy ist. T-Shirts und Sweatshirts sind bei Frauen im Büro tabu.
- Immer richtig liegen Sie mit den Farben Schwarz, Weiß, Grau sowie mit dezenten Tönen.

8.00 Uhr: Anreise ins Büro

Wer morgens U-Bahn fährt, fragt sich manchmal, ob es überhaupt die Wörter „Anstand" und „Manieren" gibt. Es wird geschubst, geflucht, gerempelt und gedrängelt. Im Berufsverkehr scheint korrektes Verhalten außer Kraft gesetzt – es gilt das Gesetz des Stärkeren und Frecheren. Dies ist insofern sehr schade, als auch gestandene und gepflegte Geschäftsleute auf gutes Benehmen pfeifen. Während sie den Rest des Tages auf ein richtiges Auftreten achten, Damen höflich in den Mantel helfen und Kollegen im Büro die Tür aufhalten, offenbaren sie in der anonymen Masse des Berufsverkehrs ihren wahren Charakter.

Man sieht sich immer zwei Mal im Leben

Dass man sich im Leben immer zwei Mal begegnet, musste der junge Chef eines Münchner IT-Unternehmens am eigenen Leib erfahren. Der 31-Jährige war eines Morgens mit der U-Bahn zu seiner Arbeit gefahren. Da er es eilig hatte, drängelte und schubste er sich am Hauptbahnhof die Rolltreppe hinauf, um die nächste U-Bahn zu erwischen. Auf den letzten Metern rempelte er einen älteren Herrn zur Seite und rief ihm wild gestikulierend zu: „Es haben nicht alle so viel Zeit wie Sie." Als der Informatiker am Nachmittag zu einem Kundentermin fuhr, wunderte er sich, warum der neue Kunde trotz des attraktiven Preises und des Dienstleistungspaketes unterkühlt blieb. Während er den Mann aus der U-Bahn-Station nicht erkannte, hatte der Herr das Gesicht des morgendlichen Rüpels noch sehr gut in Erinnerung.

Bus, Metro, Straßenbahn, Zug: Erst raus, dann rein

Es beginnt bereits mit dem Warten auf den Bus. Wenn Sie jeden Morgen denselben Bus nehmen, spricht nichts dagegen, die anderen Pendler zu grüßen. „Guten Morgen" ist eine Höflichkeit, die allen den Tag etwas verschönt. Da auch der Busfahrer ein Mensch ist, wird auch er sich über einen Morgengruß freuen – und im Gegenzug eher einmal auf Sie warten, wenn er Sie verspätet kommen sieht.

Das Einsteigen

Die Regel, nach der die Fahrgäste erst aussteigen und dann die anderen einsteigen, ist in den vergangenen Jahren in Vergessenheit geraten. Warten Sie daher einen Augenblick, bevor Sie einsteigen. Lassen Sie an der Tür etwas Platz, damit die anderen heraustreten können. Beim Einsteigen haben Frauen und ältere Menschen Vortritt.

!

Einmal Knigge, überall Knigge

Der kniggegerechte Auftritt beginnt nicht erst im Büro. Auch bei der Anreise mit öffentlichen Verkehrsmitteln lautet das Gebot Respekt und Rücksicht.

Im Bus oder in der Bahn angekommen, empfiehlt es sich, nicht direkt hinter der Tür stehen zu bleiben. Meist warten draußen noch andere, die aus diesem Grund nicht hereinkommen. Gehen Sie einfach in den Mittelgang. Wenn sich andere bereits aufgebaut haben und den Durchtritt verwehren, hilft ein freundliches „Entschuldigung".

Wenn der Wagen stark überfüllt ist, geht es weder vor noch zurück. In diesem Fall sollten Sie an den Stationen aussteigen, um anderen Fahrgästen nicht den Weg zu blockieren. Sitzplätze sind in überfüllten Bussen und Bahnen ein rares Gut. Das merken die Personen noch mehr, die schlechter stehen oder gehen können als Sie. Bieten Sie Älteren oder Schwangeren Ihren Platz an. Sobald in Ihnen die Frage auftaucht, ob Sie sich erheben sollten, folgen Sie diesem Gedanken. Warten Sie nicht, bis andere sich zum Handeln entschließen. Natürlich sind wahrscheinlich Jüngere zugegen, die ebenso aufstehen könnten. Verlassen Sie sich nicht darauf und seien Sie ihnen ein Vorbild.

Wer die Tageszeitung liest, sollte darauf achtgeben, niemanden damit zu stören. Schlagen Sie Ihren Lesestoff nicht komplett auf, sondern falten Sie ihn auf Artikelgröße. Eine Unsitte ist es, anderen ins Blatt zu schielen. Eine BILD-Überschrift zu lesen, lässt sich aufgrund der Schriftgröße zwar nicht umgehen. Allerdings ist es sehr unhöflich, anderen Fahrgästen von hinten über die Schulter zu blicken. Zum Thema Laptop und I-Pad: Sicher ist Zeit ein knappes Gut. Verzichten Sie jedoch darauf, private oder geschäftliche Korrespondenz im morgendlichen Berufsverkehr zu erledigen.

Mit dem Auto

Wenn Sie mit dem Auto zur Arbeit fahren, sind Sie zwar isolierter als in der U-Bahn – aber dennoch nicht allein auf der Welt. Beginnt Ihr Arbeitstag sehr zeitig und Ihr Wagen parkt unter Fenstern oder in einer ruhigen Straße, sollten Sie die Türen etwas leiser zuschlagen, um nicht die gesamte Nachbarschaft zu wecken. Auch wenn die Zeit jeden Morgen knapp ist: Versuchen Sie, höflich zu fahren. Hier ein über die Straße gelassener Fußgänger, dort ein freundliches Winken, mit dem Sie ein anderes Auto ausparken lassen. Es sind die kleinen Gesten, die das Zusammenleben auf der Straße für alle erträglich gestalten. Wenn Sie einen Autofahrer in den Verkehr einfädeln lassen, sollten Sie stets darauf achten, durch diese Geste nicht wiederum andere stark zu behindern. Müssen zehn Autofahrer hinter Ihnen warten, sollten Sie lieber darauf verzichten.

Mitfahrgemeinschaften und Mitnehmen von Kollegen

Falls Sie mit Ihrem eigenen Auto andere Kollegen oder gar Geschäftspartner mitnehmen, gibt es neben den genannten Punkten noch einiges mehr zu beachten. Der Innenraum eines Autos sagt viel über den Fahrer aus und gibt Einblicke in sein Leben. Squash-Schläger oder schmutzige Reitschuhe erzählen etwas über das Hobby und leere Getränkeflaschen über den Ordnungssinn. Benutzte Taschentücher, verlorene lange Haare oder Haargummis muten Mitfahrern indes ein Stück Intimität zu, gegen die sie sich nicht wehren können.

- **Sauberkeit:** Putzen Sie das Auto von innen und außen, wenn Sie Kollegen mitnehmen.
- **Status:** Wenn Sie Geschäftspartner vom Flughafen abholen, überlegen Sie zuvor, ob Ihr Wagen Ihnen und Ih-

ren Geschäftspartnern gerecht wird. Ein heruntergewirtschafteter Kleinwagen könnte schnell an Ihrem Status und an Ihren Fähigkeiten zweifeln lassen. Wählen Sie besser einen Mietwagen oder ein Taxi.

- **Körperliche Nähe:** Im Auto ist man sich sehr nahe, einander auszuweichen ist nicht möglich. Verzichten Sie darauf, Kaugummi zu kauen oder zu essen.
- **Telefonieren:** Auch wenn das Thema an anderer Stelle mehrfach angesprochen wird – das eigene Auto verleitet beim Telefonieren zu Privatheit, der andere Mitfahrer nicht entfliehen können. Führen Sie keine privaten Gespräche. Vorsicht ist auch bei Freisprechanlagen geboten! Wenn Ihre Frau als erstes säuselt: „Hallo Hasi, nachts bist du der Größte", ist alles zu spät.
- **Musik:** Drehen Sie vor dem Motorstart das Radio leiser, falls Sie alleine sehr laut Musik hören. Stellen Sie es während der Fahrt auf einen normalen Lautstärkepegel. Üben Sie sich in Zurückhaltung mit spezieller Musik wie Techno, Hardrock oder neuer Klassik. Wählen Sie einen Radiosender, der für alle akzeptabel ist – wie Deutschlandradio Kultur.
- **Gerüche:** Verzichten Sie darauf, vor der Fahrt zu rauchen oder sich während der Fahrt zu parfümieren.
- **Wünsche erfragen:** Dem Fahrer ist es meist zu warm – dem Beifahrer zu kalt. Der Beifahrer braucht Frischluft – die Passagiere auf der Rückbank leiden unter Zugluft. Einer hat Durst – der nächste verspürt ein Bedürfnis. Bei längeren Strecken sollten Sie ab und an nach Wünschen und Sorgen fragen sowie Pausen einlegen. Nicht jeder

Beifahrer traut sich, seine Wünsche unaufgefordert zu äußern.

Mit dem Taxi

Auch wenn es sich in einer Taxireihe beim fünften Taxi um eine nagelneue Luxuskarosse handelt und der erste Wagen ein in die Tage gekommener gelber Kombi ist. Es gehört sich so, das erste Taxi zu nehmen. Grundsätzlich haben Sie als Fahrgast zwar freie Taxiwahl und niemand kann Ihnen vorschreiben, für welches Gefährt Sie sich entscheiden. Allerdings halten sich die Taxler untereinander an das Prinzip der Reihe, damit jeder von ihnen nach dem Zufallsprinzip auf gleich viele Fahrgäste und ähnliche Strecken kommt. Wenn Sie Gepäck haben, geben Sie dieses einfach dem Fahrer, der es für Sie im Kofferraum verstaut. Warten Sie danach kurz, damit Ihnen der Fahrer die Autotür öffnen kann.

Sitzordnung im Taxi: Rückbank statt Beifahrersitz

Wird Ihnen die Tür nicht aufgehalten, steigen Sie selbstständig auf der hinteren Beifahrerseite ein. Wenn Sie mit Geschäftspartnern unterwegs sind, überlassen Sie dem Gast den rechten hinteren Platz und steigen auf der anderen Seite ein. Wenn Sie sich zu dritt chauffieren lassen, zahlt der, der neben dem Fahrer sitzt. Steigen Sie jedoch niemals auf den Beifahrersitz, wenn Sie allein unterwegs sind. Das gehört sich nicht. Während der Taxifahrt dürfen Sie mit dem Handy telefonieren oder Zeitung lesen. Beim Bezahlen runden Sie einfach auf den nächsten vollen Betrag auf.

Im Flugzeug

Beim Einsteigen grüßen Sie das Personal mit einem freundlichen Kopfnicken und dem jeweiligen Tagesgruß. Werfen Sie zuvor einen Blick auf die Bordkarte, um die Sitzplatznummer zu entnehmen. Wenn Sie Ihren Platz gefunden haben, treten Sie eventuell in die Sitzreihe, um Passagiere unmittelbar hinter Ihnen zunächst vorbeizulassen. Danach verstauen Sie schnell Ihren Aktenkoffer. Grüßen Sie kurz und freundlich Ihren unmittelbaren Sitznachbarn (beziehungsweise verabschieden Sie sich nach dem Flug) – schließlich verbringen Sie die nächsten Minuten und Stunden neben ihm.

Sitzknigge im Flugzeug

Wenn Sie zu einem Fensterplatz müssen, bitten Sie höflich um Entschuldigung. Während des Fluges sollten Sie darauf achten, dass Sie anderen nicht mehr Platz wegnehmen als nötig. Nutzen Sie also die Armlehnen nicht über die Maßen. Wenn Sie in der Mitte einer Dreierreihe sitzen, stehen Ihnen beide Armlehnen zu, da Sie am wenigsten Platz haben.

Wenn Sie den Sitz nach hinten verstellen, sollten Sie dies vorsichtig und vor allem nicht im Fünfminutentakt machen. Der Hintermann könnte seinen Tisch heruntergeklappt haben und es ist nur eine Frage der Zeit, bis das Getränk durch die Stuhlbewegung umfällt. Bei Kurzstreckenflügen bleibt die Sitzlehne komplett gerade.

Stilvoll essen über den Wolken

Während des Fluges gibt es eine Verpflegung? In diesem Fall gelten gegenüber den Stewardessen die herkömmlichen Höflichkeitsregeln. Beim Bestellen ist es daher unhöflich, auf die Wörter „bitte" und „danke" zu verzichten und den Wunsch nicht in zumindest einem vollständigen Satz zu formulieren. Es heißt nicht: „Einen O-Saft!", sondern: „Kann ich bitte einen Orangensaft bekommen?". Damit Getränke nicht umfallen, wird der Fensterplatz stets zuerst bedient. Halten Sie beim Essen die Arme eng am Körper. So treten Sie stilsicher auf und vermeiden, dass Ihre Sitznachbarn die Ellenbogen ins Gesicht bekommen. Falls Sie nach dem Mahl aufstehen möchten, ziehen Sie sich bitte nicht durch das Festhalten am Vordersitz in die Höhe. Der Passagier vor Ihnen könnte schlafen und würde spätestens dann erwachen, wenn Sie die Lehne loslassen.

Geschäftsgespräche und Beifallsbekundungen

Wenn Sie öfters fliegen und mit Kollegen reisen, versuchen Sie sicherlich, die Zeit bestmöglich für die Arbeit zu nutzen. Dagegen spricht auch nichts, solange Sie andere Fluggäste dadurch nicht stören. Versuchen Sie also, möglichst leise über geschäftliche Dinge oder die anstehende Verhandlung zu sprechen. Nennen Sie keine Namen von Mitarbeitern, Kollegen, Unternehmen oder Projekten: Sie wissen nie, wer hinter oder neben Ihnen sitzt. Aufgeregte und mit englischen Managementvokabeln angereicherte Konversationen sind ebenso tabu. Diese klingen ausgesprochen großspurig und wichtigtuerisch.

Da ein Flug trotz Turbulenzen keine Actionvorstellung ist, wird am Ende auch nicht geklatscht. Das gilt sowohl für Business- als auch für Urlaubsflüge. Wenn Sie Ihre Begeisterung über eine gelungene Landung kundtun möchten, können Sie dies den Flugbegleitern beim Verlassen der Maschine sagen. Apropos Verlassen: Immer wieder kommt es im Gang zum Stau, weil alle auf einmal versuchen, nach draußen zu stürmen. Gehen Sie mit gutem Beispiel voran und bleiben Sie sitzen, bis das Aufstehen sinnvoll erscheint.

Auf den Punkt gebracht

- Beim Zusteigen gilt: erst raus, dann rein.
- Bieten Sie Älteren und Schwangeren Ihren Platz an.
- Eingangsbereich an den Türen und den Kabinengang im Flugzeug räumen, damit alle zusteigen können.
- Das Mitlesen der Tageszeitung bei anderen in öffentlichen Verkehrsmitteln gehört sich nicht.
- Es ist unhöflich, in öffentlichen Verkehrsmitteln zu essen. Wer es nicht bleiben lassen kann, muss zumindest auf stark riechende Speisen verzichten.
- Besonders wenn es eng wird, dringen wir in die Privatsphäre anderer ein. Vermeiden Sie langes Anstarren und entschuldigen Sie sich bei Berührungen.
- Vermeiden Sie laute Konversationen, in die andere Fahrgäste unfreiwillig involviert werden, und verzichten Sie auf lautstarke Telefonate (siehe Handyknigge).
- Behalten Sie Ihre Schuhe im Zug und im Flugzeug an.

8.40 Uhr: Ankunft im Büro

Mann vor Frau? Oder Frau vor Mann? Obwohl die Regeln beim Tür öffnen eindeutig sind, gibt es hier immer wieder Probleme. Dabei ist es ganz einfach: Der Rangniedere hält dem Ranghöheren die Tür auf, wobei im Berufsleben in Deutschland Hierarchie vor Geschlecht kommt. Eine rangniedere Frau würde also dem Chef die Tür öffnen.

Wichtig ist, die Tür so aufzuhalten, dass die anderen bequem hindurchgehen können. Bei Türen, die sich nach außen öffnen, gehen Sie als Erster hindurch und halten sie dem anderen auf. Bei Türen, die nach innen geöffnet werden, beschleunigen Sie rechtzeitig den Schritt, um sie etwas früher zu öffnen – und gehen erst hindurch, wenn der Ranghöhere die Tür passiert hat. Folgen mehrere Türen nacheinander, kann die Rangfolge auch aufgehoben werden und man wechselt sich einfach ab. Das gilt auch, wenn Sie mit Kollegen unterwegs sind. Bei Drehtüren gehen Sie als Gastgeber oder Mann voran und positionieren die Tür zum Einstieg für die anderen. Sie sind es auch, der die Tür zu drehen beginnt.

Treppensteigen: Der Mann fängt die Frau

Nachdem Sie Ihren Arbeitsort erreicht haben, müssen Sie meist Treppen steigen. Hier gehen Sie als Herr vor der Dame die Treppe hinunter und nach der Dame die Treppe hinauf. So können Sie Ihre weibliche Begleitung bei einem eventuellen Sturz auffangen. Meistens sind die Treppen jedoch breit genug, dass man nebeneinander laufen kann.

Grundsätzlich ist die Ehrenseite die rechte Seite. Demzufolge gehen Sie als Mann links und die Frau rechts. Dies hat darüber hinaus den Vorteil, dass Sie als Mann mit Ihrer starken rechten Hand im Ernstfall Ungemach abwenden könnten.

Rang vor Geschlecht

Im Geschäftsleben kann die Dame einfach durch den Ranghöheren oder den Gast ersetzt werden. Wenn man also Geschäftspartner hat, sorgt man sich als Gastgeber um die Sicherheit beim Treppensteigen.

Fahrstuhl

Wenn Sie am Morgen weniger sportlich zugange sind und einen Fahrstuhl nehmen, gibt es auch hierbei Kniggeregeln zu beachten. Wenn eine Frau zugegen ist, rufen Sie den Fahrstuhl und lassen der Frau den Vortritt. Wenn mehrere zusteigen, sollte man weder den Eingang noch die Schalttafel blockieren, sodass jeder sein Stockwerk wählen kann. Damit die Stimmung nicht entgegengesetzt der Fahrtrichtung in den Keller abfällt, haben Sie natürlich kurz gegrüßt. Während der Fahrt sollten Sie es vermeiden, andere anzustarren. Gegen ein freundliches Gesicht und einen kurzen Small Talk über das Wetter oder den Verkehr ist nichts einzuwenden. Beim Verlassen des Fahrstuhls wünschen Sie kurz einen schönen Tag.

Auf den Punkt gebracht

- Eine rangniedere Frau öffnet dem Chef die Tür – es sei denn, der Chef verzichtet bewusst und eindeutig auf die Regel. Keine Frau sollte den Chef jedoch dazu zwingen.
- Der Jüngere öffnet stets dem Älteren die Tür.
- Der Gastgeber öffnet stets dem Gast die Tür.
- Im Privaten hält man als Mann der Frau die Tür auf.
- Es ist stets darauf zu achten, nicht im Türrahmen stehen zu bleiben und dadurch anderen den Durchgang zu verwehren.
- Beim Treppensteigen geht der Ranghöhere zuerst hinauf und zuletzt die Treppen hinab.

8.50 Uhr: Begrüßung

„Reiche nicht jedem Deine Hand dar! Umarme nicht jeden! Drücke nicht jeden an Dein Herz! Was bewahrst Du den Bessern und Geliebten auf, und wer wird Deinen Freundschaftsbezeugungen trauen, ihnen Wert beilegen, wenn Du so verschwenderisch in Austeilung derselben bist?"
(Adolph Freiherr Knigge)

Wie bereits Knigge schrieb, ist nicht jeder Kollege ans Herz zu drücken – wie es in vielen Agenturen und einigen Branchen üblich ist. Bussis werden unter guten Freunden verteilt und nicht im Geschäftsleben. Hier dominieren Blickkontakt, Handschlag und der mündliche Gruß.

Doch wer grüßt wen wie? Korrekt im Berufsalltag ist der mündliche Gruß. Wenn Sie durch den Flur gehen und auf einen Ranghöheren treffen, dann grüßen Sie zuerst („Guten Tag, Frau/Herr ..."). Wenn Sie sich in einer höheren Position befinden, müssten Sie von den Rangniederen gegrüßt werden. Falls dies nicht der Fall ist, dürfen Sie darauf verzichten – oder Sie grüßen einfach selbst. Schließlich ist es höflicher zu grüßen, als es ganz bleiben zu lassen.

Hände weg!

Achtung: Beim Grüßen sollten Sie der anderen Person kurz in die Augen blicken und freundlich zunicken. Beim alltäglichen Gruß die Hand zu geben, ist nicht üblich. Die Hand gibt man sich nur, wenn man sich längere Zeit nicht gesehen hat und wenn man sich nach dem Grüßen noch eine kurze Weile unterhält.

Wenn Sie einen Raum betreten, müssen Sie als Erster grüßen. Sagen Sie kurz „Guten Morgen" oder „Guten Tag". Regionale Grüße wie „Grüß Gott" sind ebenfalls korrekt. Wenn Sie einen Gruß erwidern, tun Sie das im Normalfall mit derselben Formel. Denn: Es wäre unangebracht, auf ein „Guten Morgen" mit einem „Guten Tag" zu antworten, da dies als Hinweis auf ein Zuspätkommen missverstanden werden könnte.

Falls Sie an einem Tag weniger gut gelaunt sind, sollten Sie sich darüber gewahr werden, dass Ihre Kollegen und Mitarbeiter nichts dafür können. Lassen Sie negative Stimmung nicht durch lautes Türenschlagen oder ein extrem hartes und schnelles Grüßen an den anderen aus.

Auf den Punkt gebracht

- Verteilen Sie im Geschäftsleben keine Bussis.
- Der Rangniedere grüßt stets den Ranghöheren zuerst, wobei der Ranghöhere entscheidet, wem er die Hand reicht.
- Bei der alltäglichen Begrüßung reicht man sich nicht die Hand.
- Bei der Begrüßung mit Handschlag niemals übertrieben fest zudrücken.
- Achten Sie auf korrekte Grußfloskeln. „Ciao" oder „Hallöle" gehören nicht ins Büro.

8.55 Uhr: Guten-Morgen-Kaffee mit Kollegen

„Bekümmre Dich nicht um die Handlungen Deiner Nebenmenschen (...). Was geht das Dich an, wenn Du nicht sein Vormund bist." (Adolph Freiherr Knigge)

Sie gehören zu jenen Menschen, die ohne Kaffee keinen klaren Gedanken fassen können? Dann holen Sie sich Ihre Ration gleich zu Beginn des Tages. Achten Sie aber darauf, sich dabei nicht zu langen Flurgesprächen hinreißen zu lassen. Dies sendet das Signal: „Herr Müller verbringt den halben Morgen mit Tratschen und Kaffeetrinken." Wichtig ist es indes, andere Kollegen an der Kaffeemaschine zu grüßen und mit ihnen einige Worte zu wechseln. Da in vielen Unternehmen die Kaffeemaschinen nicht von einer dafür vorgesehenen Person gepflegt werden, sollten Sie unabhängig von Ihrer Position darauf achten, dass Sie diese so verlassen, wie Sie sie vorgefunden haben. Dazu gehört das Nachfüllen von Wasser ebenso wie das Leeren des Tresters oder das Auffüllen neuer Kaffeebohnen.

Brühwarmes zum Mithören

In einem Hamburger Textilunternehmen holte sich ein Mitarbeiter seinen Kaffee. Als ein befreundeter Kollege hinzukam, regte er sich über die jüngste Firmenfeier und den Chef auf. Dabei fiel auch der Name des Vorgesetzten, der sich zufällig einen Raum weiter befand und durch die geöffneten Türen seinen Namen vernahm. Er hörte sich den Rest des Gespräches an, lud den Mitarbeiter in sein Büro und konfrontierte ihn mit der Kritik.

Kaffeeklatsch und Zigarettenpause: Gute Themen

Für die Themenwahl beim Kaffee unter Kollegen können Sie es ganz so halten, wie es Knigge in seinem Werk „Über den Umgang mit Menschen" empfiehlt:

- „Suche keinen Menschen, auch den Schwächsten nicht, in Gesellschaften lächerlich zu machen." Für das Kaffeegespräch mit Mitarbeitern bedeutet dies, dass Sie sich nicht über die schlechte Arbeit anderer Kollegen äußern sollten oder einen Fehler vorführen, der einem anderen gerade im Büro unterlaufen ist.

- „Erzähle nicht leicht Anekdoten (...), die irgend jemand in ein nachteiliges Licht setzen, auf bloßes Hörensagen nach." In hiesigen Büros passiert genau dies täglich und trägt Namen wie „Flur-" oder „Buschfunk". Beteiligen Sie sich nicht an Gerüchten über Personen oder Sachen.

- „Hüte Dich, aus einem Haus in das andre Nachrichten zu tragen, vertrauliche Tischreden, Familiengespräche, Bemerkungen, die Du über das häusliche Leben von Leuten, mit denen Du viel umgehst, gemacht hast und dergleichen, auszuplaudern." Das bedeutet: Wenn Sie bei einem Kollegen zum Abendessen waren und dort entdeckt haben, dass er gerne Comics liest: Behalten Sie es für sich. Wenn man Ihnen erzählt hat, dass das Kind krank ist: Behalten Sie es für sich. Wenn Ihnen Ihr Kollege anvertraut hat, dass er ein Kind bekommt und kündigt: Behalten Sie es für sich. Es ist ein sehr großer Vertrauensbruch, im Privaten geäußerte Dinge im beruflichen Umfeld weiterzutratschen.

Beim gemeinsamen Kaffee sollten Sie also generell darauf achten, Dritte nicht zum Thema zu machen – vor allem wenn diese gerade nicht zugegen sind. Doch worüber sprechen? Beim Kaffeeklatsch gelten dieselben Grundsätze wie bei anderen Small Talks: Politik oder Beziehungsprobleme sollten ausgespart werden. Ideale Themen sind aktuelle Kinofilme, Sport, der letzte Konzertbesuch, das Wetter, Essen oder Berufliches. Falls Sie es nicht lassen können und doch über Dritte sprechen sollten: Vergewissern Sie sich, dass Sie nicht von anderen gehört werden können.

Raucherknigge für die Zigarettenpause

„Er hat sich schon frühmorgens aufs beste ausgeschmückt und sich die sonst gewöhnte liebe Pfeife Tabak versagt, um nicht nach Rauch zu riechen." (Adolph Freiherr Knigge)

Auch wenn das Rauchverbot längst die meisten Unternehmen erfasst hat, gibt es noch immer Firmen, in denen es an bestimmten Orten erlaubt ist. Wichtig ist, dass Sie Nichtraucher so wenig wie möglich belästigen. Seien Sie sich darüber bewusst, dass Nichtraucher eine wesentlich feinere Nase haben als Sie. Sie nehmen den Rauch extremer wahr und empfinden ihn als sehr unangenehm. Falls ein Nichtraucher Sie darum bittet, die Zigarette an einem anderen Ort zu rauchen, sollten Sie sich entschuldigen und dieser Bitte nachkommen.

Raucherpausen sind immer auch gesellschaftliche Zusammenkünfte, zu denen die aktuellsten Nachrichten ausgetauscht werden. Doch Vorsicht: Hier gelten die gleichen

Grundsätze wie beim Kaffeetrinken. Lästern, private Geschichten und Verunglimpfungen sind untersagt.

Auf den Punkt gebracht

- Wenn Sie sich Ihre Zigarette anzünden, sollten Sie Ranghöheren oder Damen Feuer geben, falls sie ebenfalls gerade mit dem Rauchen beginnen.
- Pusten Sie anderen nicht den Zigarettenrauch ins Gesicht und sprechen Sie nicht beim Ausatmen.
- Drängeln Sie sich nicht zum Ascher, sondern fragen Sie höflich, ob Sie zum Aschenbecher durchgelassen werden oder ihn gereicht bekommen.
- Vergewissern Sie sich, dass anderen Kollegen nicht durch den Zigarettenkonsum gestört werden. Verschließen Sie Türen und achten Sie darauf, dass der Rauch nicht durch das komplette Unternehmen zieht.
- Gehen Sie im Sommer vor die Tür, wenn dies möglich ist, und rauchen Sie nur an den Plätzen, die im Unternehmen dafür vorgesehen sind. Achten Sie aber darauf, dass es vor der Tür keinen Publikumsverkehr gibt und sich darüber kein geöffnetes Fenster befindet.
- Falls Sie beim oder nach dem Rauchen kräftig husten müssen: Zwingen Sie sich, es zu unterbinden.
- Waschen Sie sich nach dem Rauchen kurz die Hände.
- Wenn Sie häufiger rauchen: Fragen Sie nicht ständig Kollegen, ob sie mitkommen – vor allem, wenn die anderen Kollegen eigentlich weniger rauchen als Sie.

9.00 Uhr: E-Mail-Knigge

„Ein übereiltes mündliches Wort wird wieder vergessen; aber ein geschriebenes kann noch nach fünfzig Jahren (...) Unheil stiften." (Adolph Freiherr Knigge)

Rechtschreibfehler, fehlende Anreden, standardisierte Grußformeln, Wortfetzen, Befehlston, unbedachte Äußerungen: Leider pflegen viele Menschen in der E-Mail-Kommunikation einen äußerst unschönen Umgangston und fixieren aus ihrer gegenwärtigen Laune heraus Dinge schwarz auf weiß (beziehungsweise Pixel um Pixel), die ihnen später zum Verhängnis werden.

Verhängnisvolle Korrespondenz

Chef Müller hat stets wenig Zeit. Darum überfliegt er E-Mails und liest sie selten bis zum Ende. So auch eine Mail von der Kollegin Schneider, die ausführlich und verständlich auf ein Problem mit dem Lieferanten hinweist. „Was heißt das?!", poltert Chef Müller an die Kollegin Schneider in der Betreffzeile, die er mit einem roten Ausrufezeichen versehen hat. „Verstehe ich nicht", antwortet daraufhin Kollegin Schneider und ärgert sich. Schließlich hat sie ja alles ausführlich erläutert. Daraufhin schreibt Frau Schneider frustriert und treffend ihrem Kollegen Becker, was ihr mit dem Chef mal wieder passiert ist. „Der Chef ist ein Depp." Genau darauf wird Frau Schneider nach zwei Monaten zum Mitarbeitergespräch vom Chef angesprochen.

Während sich die meisten beim Verfassen eines Briefes Mühe geben oder bei einem Gespräch auf die Umgangsformen achten, wähnen sie sich in der E-Mail-Kommunikation in einem kniggefreien Raum. Dabei gibt es keinen Grund, einen elektronischen Brief weniger ernst zu nehmen als herkömmliche Korrespondenz.

E-Mail-Flut

Ein zunehmendes Knigge-Thema wird die E-Mail-Flut an sich. Nach aktuellen Schätzungen schwillt die elektronische Kommunikationswelle jährlich um 13 Prozent an. Pro Jahr werden derzeit rund 100 Milliarden Geschäftsmails verschickt. Bis 2016 sollen es mehr als 143 Milliarden sein.

Bevor Sie eine E-Mail schreiben: Fragen Sie sich, ob Sie die Angelegenheit besser persönlich oder telefonisch regeln sollten.

Betreffzeile: knapp und präzise

Bleibt die E-Mail das bevorzugte Medium, so ist der erste Schlüssel eine aussagekräftige Betreffzeile. Arbeiten Sie mit Schlagwörtern wie „Bestellung", „Änderung", „Auftrag", „Nachfrage" etc. Falls sich die E-Mail auf ein Ereignis wie eine Messe oder ein Treffen bezieht, sollten Sie dies ebenso in der Betreffzeile vermerken.

!

Das Wichtigste zuerst

Einige Empfänger haben ihr E-Mail-Programm so eingestellt, dass sie nur einen kleinen Teil der Betreffzeile lesen können, also lediglich die ersten Wörter. Aus diesem Grund gehören die wichtigsten Schlagwörter direkt an den Anfang.

Anrede: Ohne geht es nicht

In jede E-Mail gehört eine Anrede. Ob es sich dabei um ein „Hallo", ein „Guten Morgen" oder ein „Sehr geehrte/r Frau/Herr" handelt, hängt vom Empfänger ab. Wichtig ist, dass Sie auch bei den kürzesten E-Mails nicht auf diese Höflichkeitsfloskel verzichten. Schließlich handelt es sich bei E-Mails nicht um einen fortlaufenden Chat oder um eine Skype-Konversation.

Falls Sie erstmalig einen E-Mail-Kontakt aufnehmen, sollten Sie Ihren elektronischen Brief mit der Anrede „Sehr geehrte/r Frau/Herr" eröffnen. Trägt der neue Geschäftspartner einen Titel, müssen Sie diesen selbstverständlich in die Begrüßung aufnehmen. Kennen Sie den Empfänger besser oder handelt es sich nicht um die erste E-Mail zur Kontaktaufnahme, eignet sich als Anrede auch der jeweilige Tagesgruß.

Der richtige Gruß zur richtigen Tageszeit !

Bei der Verwendung von „Guten Morgen, Frau/Herr" oder „Guten Abend, Frau/Herr" sollten Sie sich sicher sein, dass der Empfänger erreichbar ist und die E-Mail sofort empfängt. Hintergrund ist die Aufhebung von Raum und Zeit durch die elektronische Kommunikation. Wird die um 9 Uhr versendete E-Mail mit der Anrede „Guten Morgen" erst um 16 Uhr gelesen, wirkt dies unpassend.

Wenn die elektronische Post für einen Kollegen oder Geschäftspartner bestimmt ist, den Sie duzen, können Sie selbstverständlich mit „Hallo Vorname" oder dem jeweiligen Tagesgruß starten. Nichts in der Geschäftswelt zu suchen haben hingegen flapsige Anreden wie „Hi", „Servus" oder „Hallöle". Regionale Grußformeln wie „Grüß Gott, Frau/Herr" sind indes durchaus erlaubt.

Orthografie, Verständlichkeit, Ton

„Dehne Deinen Briefwechsel, so wie Deinen Umgang, nicht über Gebühr aus. Das hat keinen Zweck, kostet Geld und ist Zeitverderb." (Adolph Freiherr Knigge)

Achten Sie bei jeder E-Mail auf Rechtschreibung und Grammatik. Investieren Sie unbedingt eine Minute Zeit in die automatische Fehlerkorrektur und achten Sie auf die korrekten Fälle. Besonders wichtige E-Mails sollten Sie ausdrucken, da Fehler auf einem Ausdruck eher ins Auge stechen als am Bildschirm. Doch Fehler schleichen sich nicht nur bei Orthografie und Grammatik ein. Auch Unverständlichkeit und fehlende Sinnzusammenhänge sind ein verbreitetes Phänomen in der täglichen E-Mail-Korrespondenz. Abhilfe kann das Gegenlesen schaffen. Falls Sie einen Kollegen bitten, Ihre E-Mail zu überprüfen, sollte sich dieser in der Hierarchie zumindest auf der gleichen Stufe befinden. Wenn Sie hingegen einen Rangniederen um Feedback bitten, können Sie sich durch Tippfehler innerhalb weniger Sekunden Respekt und Reputation verspielen. Im Mail-Verkehr den richtigen Ton zu treffen, ist nicht so einfach. Einerseits sollten die Texte so einfach und verständlich sein, als wären sie mündlich gesprochen. Andererseits kann dies lax wirken. Vermeiden Sie besonders gegenüber Vorgesetzten besserwisserische Formulierungen („Das habe ich gleich gesagt." oder:

„nochmals") sowie Formulierungen, die missverstanden werden könnten („Haben Sie verstanden?" oder: „Erklärungsbedarf?"). Was im gesprochenen Wort harmlos klingt, kann im Schriftlichen eine Begriffsstutzigkeit unterstellen.

E-Mails in Word kopieren

Aktivieren Sie in Ihrem E-Mail-Programm die Rechtschreibprüfung, damit kein Schreiben ohne einen automatischen Check Ihr Postfach verlässt. Zusätzlich können Sie Ihre E-Mails auch einfach in Microsoft Word oder ein anderes Textverarbeitungsprogramm kopieren und so die meist umfangreichere Rechtschreibprüfung dieser Anwendungen nutzen.

Doppeldeutigkeiten und andere E-Mail-Fallen

Smileys haben in geschäftlichen E-Mails nichts verloren. Sie wirken verspielt und gehören ausschließlich in den privaten E-Mail-Verkehr. Selbiges gilt für Zynismus oder Ironie, die vom Empfänger meistens nicht erkannt werden und sogar verletzend sein können. Dass Doppeldeutigkeiten ein Tabu sind, versteht sich von selbst. Schließlich können E-Mails aufbewahrt werden, was sie zu einem hervorragenden Beweismittel macht – beispielsweise, wenn man einem Kollegen schreibt, dass Kollegin Müller wie immer „schnell zur Sache kommt".

Wählen Sie für E-Mails eine klare, verständliche Sprache und schreiben Sie in ganzen Sätzen. Das heißt auch, dass Sie auf Abkürzungen verzichten sollten. Schlimmstenfalls versteht der Empfänger diese nicht. Dann sind sie der Beginn einer Reihe von Missverständnissen und überflüssigen E-Mails, die allen zur Last fallen. Falls Sie als Führungskraft Anweisungen weitergeben, können Sie diese durch Stichpunkte vom übrigen Text abgrenzen.

Heikle E-Mails: nicht für die Öffentlichkeit bestimmt

Selbst wenn die E-Mail tatsächlich beim auserwählten Empfänger ankommt, sei vor dem Versand von lustigen Präsentationen, Fotos, Witzen oder sonstigen Feierabend-E-Mails gewarnt. Nicht jeder Geschäftspartner verfügt über dasselbe Humorverständnis wie Sie.

Kündigung nach Nacktfoto

Pech hatte in Frankreich ein Angestellter einer Computerfirma. Er wollte einem Kollegen ein witziges Nacktfoto schicken. Allerdings drückte er in seinem Mail-Programm zu schnell die Enter-Taste, worauf die Software nicht den Namen seines Kollegen vervollständigte, sondern den seiner Chefin in den USA. Diese fand das Foto gar nicht lustig, der Mitarbeiter musste seinen Posten räumen.

Noch schlimmer als der Versand solcher E-Mails ist es jedoch, dabei den kompletten Freundes- und Bekanntenkreis in die Funktion „cc" zu setzen. Die E-Mail-Adressen von anderen gehen niemanden etwas an. Sie sollten sie daher nicht ungefragt anderen zugänglich machen. Das gilt übrigens für jeglichen E-Mail-Verkehr. Setzen Sie nur diejenigen Personen in „cc", die über den Verlauf von etwas im Bilde bleiben sollen – z. B. bei einem gemeinsamen Projekt.

Heikle E-Mails mehrfach löschen

Denken Sie daran, dass andere eine E-Mail lesen könnten, die nicht für sie bestimmt gewesen ist. Löschen Sie im Büro privat geschriebene E-Mails sowohl unter „Gesendete Objekte" als auch unter „Gelesene Objekte" und „Gelöschte Objekte". Das gilt für alle heiklen E-Mails. Entfernen Sie diese sofort – vor allem dann, wenn andere Kollegen Zugang zu Ihrem E-Mail-Account haben. Kollegen, die während Ihrer Krankheit oder Ihres Urlaubes Ihr Postfach prüfen, könnten ihrer Neugier erliegen und genau eine E-Mail lesen, die nicht für sie bestimmt war.

Ebenso wenig kniggekonform ist es, andere Kollegen in „cc" zu setzen, um sie öffentlich vorzuführen oder anzuschwärzen. Wenn Sie eine Unstimmigkeit mit einem Kollegen haben, müssen Sie diese direkt mit ihm klären.

Auf den Punkt gebracht

- Wählen Sie eine aussagekräftige Betreffzeile.
- Verzichten Sie niemals auf die Anrede.
- Achten Sie auf einen fehlerfreien Inhalt. Aktivieren Sie die Rechtschreibkontrolle und drucken Sie sich wichtige E-Mails zum Gegenlesen aus.
- Strukturieren Sie Ihre E-Mails durch Absätze.
- Achten Sie darauf, dass der Abschiedsgruß nicht automatisch mit der Signatur generiert wird und dass er in derselben Farbe erscheint wie die gesamte E-Mail.

- Lassen Sie sich von häufigem E-Mail-Verkehr nicht zu einem saloppen Ton hinreißen.
- Reagieren Sie niemals emotional auf eine E-Mail, wenn Sie angegriffen wurden. Antworten Sie erst mit etwas Abstand. Lassen Sie nach dem Schreiben der E-Mail mindestens fünf Stunden Zeit verstreichen. Oftmals handelt es sich nur um Missverständnisse, die durch eine harsche Antwort zum tatsächlichen Problem werden.
- Vermeiden Sie Dateianhänge größer als ein Megabyte.
- Beteiligen Sie sich niemals am Versand von sogenannten Spaßpräsentationen oder Massen-E-Mails.
- Seien Sie sich stets über eine gewisse Öffentlichkeit von E-Mails bewusst. Immer wieder werden E-Mails weitergeleitet, deren Inhalt eigentlich für den persönlichen Gebrauch bestimmt war.
- Stellen Sie die automatische Benachrichtigungsfunktion aus, mit der neue E-Mails am Bildschirm eingeblendet werden. Das kann unangenehm werden, wenn Sie beispielsweise mit Ihrem Rechner präsentieren.
- Setzen Sie Kollegen und Chefs nicht unnötig ins cc. So minimieren Sie die E-Mail-Flut.
- Widerstehen Sie E-Mails mit einem Wort wie „Danke". Das galt zwar lange Zeit als nett, ist in Anbetracht des heutigen Mailaufkommens jedoch nicht mehr zu verantworten.

9.30 Uhr: Meeting

„Gehe von niemanden und lass niemand von Dir, ohne ihm etwas Lehrreiches, oder etwas Verbindliches gesagt (...) zu haben, (...) damit er die Stunde nicht verloren zu haben glaube." (Adolph Freiherr Knigge)

Einer der größten Kniggefehler in regelmäßigen Meetings mit bekannten Geschäftspartnern sind Routine und Langeweile. In einigen Unternehmen verbringen Fach- und Führungskräfte 20 bis 30 Stunden pro Woche in Besprechungen. Laut einer Studie finden aber rund 80 Prozent der Teilnehmer, dass die Hälfte dieser Sitzungen überflüssig sei. In einer anderen Untersuchung gaben 50 Prozent der Befragten an, dass es in Meetings an konkreten Ergebnissen mangele.

Nicht zu Unrecht kritisierte bereits Knigge vor rund 200 Jahren leeres Herumreden bei Besprechungen. „Habe Acht darauf, dass Du in Deinen Unterredungen, durch einen wässrigen, weitschweifigen Vortrag nicht ermüdest. (...) Überhaupt aber rede nicht zu viel. (...) Flicke keine platten Gemeinsprüche in deine Reden ein", erklärte der Freiherr und trifft damit heute den Puls der Zeit. Denn: Wieder und wieder werden Besprechungen zu langatmigen Angelegenheiten, weil Teilnehmer ob ihrer schlechten Vorbereitung über die Grundbausteine eines Prozesses reden und die anderen Teilnehmer dabei mit allgemein Bekanntem langweilen. Die wichtigste Kniggeregel für das Meeting lautet daher: Bereiten Sie sich vor und versuchen Sie, ein Thema zu einem Ziel zu führen.

Vorbereitung und der richtige Empfang

Wenn Sie Ihnen bekannte Geschäftskunden empfangen, sollte diese Bekanntheit kein Grund zur Nachlässigkeit sein. Das beginnt bereits beim Empfang: Lassen Sie die Geschäftspartner an der Rezeption abholen und zu Ihnen ins Büro oder in den Konferenzraum geleiten. Instruieren Sie Ihren Mitarbeiter zuvor nochmals kurz, dass sich dieser selbst vorstellt sowie den Gast mit seinem Namen begrüßt.

Damit der Empfang Bescheid weiß, sollten Sie ihm zuvor kurz mitgeteilt haben, um welche Uhrzeit Sie welchen Gast erwarten. So ist das Personal im Bilde und der Gast muss sich nicht umständlich erklären.

! **Allein im Konferenzsaal**

Wenn Sie der Gast sind und die Sekretärin Ihnen einen Sitzplatz und ein Getränk anbietet, obwohl sich noch niemand anderes im Raum befindet, bleiben Sie stehen und warten auf den Geschäftspartner.

Prüfen Sie den Konferenzraum, bevor Sie Gäste empfangen. Nichts wirkt unprofessioneller als benutzte Tassen oder halbvolle Flaschen auf dem Tisch. Das Geschirr muss einheitlich sein: Alte Mickey-Maus-Becher oder persönliche Namenstassen mit angebrochenen Henkeln sind ein Tabu. Überprüfen Sie den Tisch auf Schmutz und fettige Fingerabdrücke und lassen Sie ihn gegebenenfalls reinigen. Falls unmittelbar zuvor ein anderes Meeting stattgefunden hat, sollten Sie lüften (lassen).

Bevor es losgeht, fragen Sie den Gast, ob Sie ihm den Mantel abnehmen dürfen. Ist eine Frau dabei, helfen Sie ihr zuerst aus ihrer Jacke. Findet die Besprechung in Ihrem Büro statt, müssen Sie dem Gast einen Platz anbieten, da er sich ohne Aufforderung nicht setzen wird. Selbiges gilt in großen Konferenzräumen. Achten Sie auch in Ihrem Büro auf einen aufgeräumten Schreibtisch sowie auf einheitliches, sauberes Geschirr – und auf gute Luft.

Visitenkartenübergabe

Treffen Sie sich mit neuen Geschäftspartnern, ist es sinnvoll, gleich zu Beginn die Visitenkarten auszutauschen. Ein guter Zeitpunkt ist der Moment vor dem gemeinsamen Hinsetzen. Mit dem Austausch beginnt der Gast. Zuerst bekommt der Ranghöchste ein Kärtchen, danach die anderen. Geben Sie die Karte so, dass der Empfänger sie gleich lesen kann. Wenn Sie eine Visitenkarte erhalten, dürfen Sie diese niemals ungelesen wegstecken. Werfen Sie einen aufmerksamen Blick darauf. Während des Meetings können Sie die Kärtchen auf den Besprechungstisch legen.

Visitenkarten sind keine Notizzettel

Beschriften Sie die Karte niemals, vor allem nicht in Gegenwart anderer. Es ist extrem unhöflich, auf einer soeben erhaltenen Karte etwas zu notieren. Wenn die Veranstaltung beendet ist, sollten Sie die Karte verstauen. Falls Sie oft unterwegs sind, legen Sie sich ein Etui zu, denn das eigene Portemonnaie ist ein schlechter Ort für eine angemessene Aufbewahrung.

Getränke und Sitzordnung

Wer an welchem Platz sitzt, hängt natürlich von der Größe der Besprechung ab. Falls Sie in Ihrem Büro einen Geschäftspartner oder Kollegen empfangen, sitzt dieser am Besprechungstisch rechts neben Ihnen. Den Geschäftspartner wie in einem Restaurant gegenüber zu platzieren, wäre in diesem Fall unangebracht, da diese Sitzordnung einen kontroversen Charakter assoziieren würde.

Bei größeren Runden sitzt der Gast weit vom Eingang entfernt und niemals mit dem Rücken zur Tür. Diese Plätze sind den Rangniederen vorbehalten – nicht zuletzt, weil sie bei eventuellen Botengängen den Raum schnell und geräuschlos verlassen können. Der Gast sitzt im Idealfall rechts neben dem ranghöchsten Gastgeber.

Falls Getränke auf dem Tisch stehen, fragen Sie den Gast, was er trinken möchte. Sie oder Ihre Sekretärin sollten ihm auch eingießen, denn ein höflicher Gast wird sich niemals selbst ein Glas genehmigen. Falls Sie ausländische Geschäftspartner empfangen (beispielsweise aus dem arabischen Raum), stellen Sie die Frage nach dem Getränk gegebenenfalls mehrfach. Vermutlich wird Ihr Gast die erste Frage nämlich aus Höflichkeit verneinen. Fragen Sie in dieser Situation nicht nochmals nach, sitzt er den Rest der Besprechung auf dem Trockenen – obwohl er eigentlich etwas trinken möchte.

Ungestörte Atmosphäre: Handy & Co.

Wenn das Meeting in Ihrem Büro stattfindet, leiten Sie Ihr Telefon um und geben Sie Ihren Kollegen Bescheid, dass Sie sich in einer Besprechung befinden. Dieses Ritual ist eine Frage der Höflichkeit, denn jedes Telefonklingeln oder andere ungewollte Unterbrechungen stören das Meeting und Ihr Geschäftspartner oder Kollege kommt sich zweitrangig vor. Selbiges gilt natürlich für das Handy, das Sie in Besprechungen einfach ausschalten sollten.

Vier-Stunden-Meeting

Einen wahren Meetingmarathon mussten die Mitarbeiter eines Logistikunternehmens erleben. Ihr Abteilungsleiter hatte in sein Büro geladen, um die Strategie für das kommende Geschäftsjahr zu besprechen. Da er sein Telefon nicht umleitete, klingelte alle zehn Minuten entweder das Telefon auf seinem Schreibtisch oder sein Handy. Der Abteilungsleiter schaute stets auf die Nummer, entschuldigte sich bei den Angestellten und versuchte dann, den Anrufer abzuwimmeln. Die Mitarbeiter fühlten sich nicht ernst genommen, weil jeder Anrufer wichtiger zu sein schien als sie. Auch die Anrufer waren verärgert, weil sie merkten, dass der Abteilungsleiter darauf drängte, das Telefonat zu beenden. Am Ende dauerte die Besprechung vier Stunden.

Das Meeting selbst sollte effektiv und zielgetrieben sein, was Sie durch eine gründliche Vorbereitung erreichen. Leider fehlt diese oftmals bei kleineren Besprechungen, weil diese als nicht so wichtig erachtet werden wie größere Sitzungen, bei denen Neukunden, Vorstand oder Geschäftsleitung zugegen sind. Fertigen Sie daher rechtzeitig eine

Agenda mit den wichtigsten Themen an. Lassen Sie diese dem Geschäftspartner vorab zukommen, um sie gegebenenfalls noch zu verfeinern. Wenn Sie der Gastgeber sind, führen Sie Punkt für Punkt durch die Tagesordnung.

Besprechungen direkt nachbereiten

Wie erwähnt, hängt die Qualität von Meetings maßgeblich von deren Vorbereitung ab. Bei fortlaufenden Besprechungen kann diese jedoch nur glücken, wenn jedes Meeting unmittelbar nachbereitet wird. Falls es ein Protokoll gibt, fällt dies leicht. Wenn nicht, sollten Sie selbst direkt nach Beendigung der Sitzung die wichtigsten Punkte in einem Dokument zusammenfassen. Notieren Sie sich zudem, wem Sie während des Meetings was versprochen haben, und versuchen Sie, diese Aufgaben direkt zu erledigen. Nichts wirkt unprofessioneller, als während einer Besprechung zugesagte Dokumente erst einen Tag oder wenige Stunden vor der neuen Zusammenkunft zuzustellen, obwohl das letzte Meeting bereits eine Woche zurückliegt.

Auf den Punkt gebracht

- Bereiten Sie sich auch auf kleine Besprechungen vor.
- Leiten Sie Ihr Telefon um und stellen Sie Ihr Handy aus.
- Sorgen Sie für ein aufgeräumtes Büro, frische Luft und sauberes Geschirr.
- Lassen Sie den Geschäftspartner am Empfang abholen oder übernehmen Sie diese Aufgabe selbst.

- Höfliche Geschäftspartner warten auf Aufforderungen: Seien Sie als Gastgeber aktiv und bieten Sie Platz und Getränke an.
- Lassen Sie sich bei kleinen Meetings im eigenen Büro nicht zu einer saloppen Sitzhaltung oder anderen Nachlässigkeiten hinreißen.

10.30 Uhr: Korrespondenz

„Vorsichtigkeit ist im Schreiben noch weit dringender als im Reden zu empfehlen." (Adolph Freiherr Knigge)

Zugegeben: Die Geschäftskorrespondenz in Form klassischer Briefe ist in Zeiten der E-Mail in den Hintergrund geraten. Dennoch gibt es immer wieder Anlässe, bei denen Sie den Geschäftsbrief der E-Mail vorziehen sollten – beispielsweise wenn Sie dem Inhalt besonderen Nachdruck verleihen möchten. Achten Sie dabei in jedem Fall auf die korrekte Form. Schließlich ist jeder Brief wie eine Visitenkarte von Ihnen und Ihrem Unternehmen.

Briefinhalt und Stil

„Nimm Dir auch vor, nie irgend einen ganz leeren Brief zu schreiben, in welchem nicht wenigstens etwas stünde, das dem, an welchen er gerichtet ist, Nutzen oder reine Freude gewähren könnte", erklärte Knigge zum Thema Korrespondenz und trifft damit den Nagel auf den Kopf.

Überlegen Sie sich genau, worum es in Ihrem Brief gehen soll, und schreiben Sie dies in die Betreffzeile. Auf das Wort „Betreff" sollten Sie dabei verzichten. Der Inhalt selbst sollte für den Empfänger neu, wichtig oder interessant sein. Achten Sie beim Schreiben auf kurze Sätze und eine verständliche Sprache. Seien Sie sich während der gesamten Korrespondenz darüber bewusst, dass Briefe anders als ein Telefonat für die Ewigkeit gemacht sind.

„Voreilig schriftlich mitgeteilte, nicht gegründete Nachrichten, können unendlichen Schaden stiften, den redlichen Mann bei Tausenden verdächtig machen“, wusste bereits Knigge. Verzichten Sie daher auf Anschuldigungen und kommunizieren Sie in Ihren Briefen keine Dinge, die Sie nur vom Hörensagen kennen.

Auf die Form kommt es an

Damit der Brief lesbar ist, sollten Sie ihn in Abschnitte teilen und nicht ausufern lassen. Verfassen Sie Geschäftsbriefe stets auf Briefpapier und achten Sie – ebenso wie bei E-Mails – auf Rechtschreibung und Grammatik. Wenn Sie zudem noch dafür sorgen, dass die Korrespondenz korrekt gefaltet und ohne Fettfinger beim Empfänger ankommt, gibt es an der äußeren Form nichts zu beanstanden.

Die korrekte Anschrift

Wenn Sie in Deutschland einen Brief an ein anderes Unternehmen schreiben, nennen Sie in der ersten Zeile den Firmennamen – und zwar ohne den früher üblichen Zusatz „Firma“. Falls die Korrespondenz für Staatsrepräsentanten oder Botschafter bestimmt ist, gelten einige Besonderheiten. So müssen Sie die Titel zum Beispiel bereits in der Anschrift nennen.

Amtsbezeichnung für Staatsrepräsentanten

Herrn Bundespräsident
Joachim Gauck
Bundespräsidialamt 1
Spreeweg 1
10557 Berlin

Seiner Exzellenz
dem Botschafter der Russischen Föderation
Wladimir M. Grinin
Unter den Linden 63–65
10117 Berlin

Achten Sie auf eine korrekte Schreibweise sowie die richtige Adresse. Die Anschrift befindet sich auf dem Briefumschlag rechts beziehungsweise links unten. Bei Kuverts mit Sichtfenstern sollten Sie darauf achten, dass die Zeilenabstände korrekt eingestellt sind. Die Betreffzeile oder gar die Anrede dürfen keinesfalls im Brieffenster zu sehen sein.

!

Position statt „zu Händen"

Die Zusätze „z. Hd." beziehungsweise „zu Händen" haben ausgedient. Stattdessen wird über die Position des Namens verraten, von wem der Brief geöffnet werden darf. Steht der Firmenname in der ersten und der Mitarbeitername in der zweiten Zeile, darf der Brief von jedem geöffnet werden. Steht jedoch der Mitarbeitername vor dem Firmennamen, ist das Öffnen dem jeweiligen Mitarbeiter vorbehalten.

Anrede und Verabschiedung

Wählen Sie eine Anrede, die zum Geschäftspartner passt. Handelt es sich um einen langjährigen Geschäftsfreund, mit dem Sie schon einen gemeinsamen Skiurlaub verbracht haben, ist „Sehr geehrter Herr Kraus" wahrscheinlich zu förmlich. Folgende Beispiele sollen Ihnen helfen, Briefe korrekt zu eröffnen.

- Lockere Anrede: „Lieber Herr Kraus" oder „Hallo Herr Kraus"
- Förmliche Anrede: „Sehr geehrter Herr Kraus"
- Neutrale Anrede: „Guten Tag, Herr Kraus"

Erkundigen Sie sich stets, ob Ihr Geschäftspartner promoviert hat. Den Doktortitel müssen Sie unbedingt nennen, ihn wegzulassen ist ein Kniggefehltritt. Falls Sie einen Professor anschreiben (oder ansprechen), so wird nur der Professorentitel genannt, nicht der beziehungsweise die Doktortitel. Bei der Anschrift auf dem Kuvert werden indes alle Titel aufgeführt (Beispiel: Prof. Dr. Dr. Huber).

Gruß statt Gruss

Die Einführung der neuen Rechtschreibung hat dazu geführt, dass fast jeder Brief mit einem Fehler beginnt und mit einem Fehler endet. Sowohl „Straße" als auch „Gruß" oder „Grüße" werden weiterhin mit „ß" geschrieben, da vor dem „ß" ein langer Vokal steht. Nur wenn ein Vokal kurz ausgesprochen wird, wie etwa bei „Fass", wird aus dem „ß" ein „ss".

Wie Sie den Brief beenden, hängt davon ab, wie Sie ihn begonnen haben. Einen mit „Sehr geehrte/r" eröffneten Brief mit „Auf bald" zu schließen, passt nicht. Regelrecht beleidigend ist es jedoch, einen gut bekannten Geschäftspartner mit der Standartfloskel „Mit freundlichen Grüßen" zu verabschieden.

- Lockerer Schlussgruß: „Es grüßt Sie" oder „Beste Grüße"
- Förmlicher Schlussgruß: „Mit freundlichen Grüßen"
- Neutraler Schlussgruß: „Herzliche Grüße"

Auf den Punkt gebracht

Da ein Brief über viele Jahre aufgehoben werden kann, sollte er grundsätzlich für die Ewigkeit gemacht sein. Überprüfen Sie jeden Brief auf korrekte Anreden und Grußformeln. Wenn Sie einen Brief mehrfach an verschiedene Personen richten, sollten Sie darauf achten, dass bei der Formulierung „Sehr geehrte/r" die Endung korrekt an das Geschlecht angepasst ist. Jeder Empfänger ärgert sich, wenn es heißt: „Sehr geehrte Herr XY".

11.00 Uhr: Telefonknigge

Ausgerechnet beim Telefonieren unterlaufen vielen Menschen zahlreiche Unachtsamkeiten, die sich eigentlich ganz einfach vermeiden ließen. Es beginnt bereits beim Melden, geht weiter bei in den Hörer geblasenem Zigarettenrauch oder dem Trinken während eines Telefonates und reicht bis zu einer schlechten Vorbereitung auf ein wichtiges Gespräch.

Das korrekte Melden am Telefon

Stellen Sie sich vor, Sie gehen am Morgen in die Bäckerei und schmettern sofort: „Sieben Brötchen!". Oder Sie treten in den Konferenzraum ein und beginnen: „Die Tagesordnung heute lautet ...". Das wäre äußerst unhöflich, da die Begrüßung fehlt. Genau darauf verzichten allerdings viele Menschen beim Telefonat. Sie fallen mit der Tür ins Haus und poltern in den Hörer: „Schneider", „Hier Firma XY", „Ja" oder „Was gibt's?" Überprüfen Sie daher am besten einmal selbst, wie Sie sich melden.

Empfangen Sie einen externen Anruf, nehmen Sie das Gespräch wie folgt korrekt an.

- Erstens: Tagesgruß, wie „Guten Morgen", „Grüß Gott", „Hallo", „Guten Tag" oder „Guten Abend"
- Zweitens: Name des Unternehmens
- Drittens: Ihr Vor- und Zuname

Pausen bewusst einsetzen

Lassen Sie nach der Begrüßung eine Pause von etwa einer Sekunde. Sie werden sich wundern, wie viele den Gruß erwidern und wie sehr dadurch das Tempo im Telefonat einer ehrlichen Freundlichkeit weicht.

Wenden Sie diese Regel sowohl bei ein- als auch bei ausgehenden Gesprächen an. Bei ausgehenden Telefonaten können Sie natürlich ebenso zuerst Ihren Namen nennen und danach das Unternehmen.

Besonders bei internen Telefonaten wird oft auf die Grußformel verzichtet. Auch dies ist unhöflich. Für ein kurzes „Hallo" sollte immer genügend Zeit vorhanden sein. Falls Sie jetzt überlegen, wie oft Sie Ihrem Kollegen aus dem Nachbarbüro dann am Tag ein „Hallo" entgegenbringen müssen, weil Sie ihn täglich 20 Mal anrufen, sollten Sie sich fragen, ob Sie das Telefonat nicht grundsätzlich gegen eine kurze Visite eintauschen können. Denn: Wenn Sie etwas von ihm wissen möchten und er sich die Zeit nimmt, Ihnen zu antworten – so sollten auch Sie sich die Zeit nehmen, zu ihm zu gehen.

Das korrekte Sprechen

Nach dem Melden am Telefon sollten Sie wie beim E-Mail-Verkehr oder bei der brieflichen Korrespondenz kurz den Betreff nennen. Sagen Sie also mit wenigen Worten, warum Sie anrufen und steigen Sie niemals sofort in das Thema ein. Denken Sie während des Gesprächs stets daran, dass jedes Telefonat eine akustische Visitenkarte von Ihnen ist. Damit der Gesprächspartner einen positiven Eindruck bekommt, ist es ratsam, während des Telefonats grundsätzlich auf folgende Faktoren zu achten:

Klare, gleichmäßige und freundliche Stimme

Eine klare Aussprache verlangt, dass Sie den Hörer richtig halten. Immer wieder klemmen Geschäftspartner den Hörer zwischen Ohr und Schulter. Das Ergebnis ist bei längeren Telefonaten nicht nur ein verspannter Nacken. Vor allem glaubt Ihr Telefonpartner, er spreche mit einem Boxer – weil die Haltung ein Nuscheln mit sich bringt. Positiv wirkt Ihre Stimme hingegen, wenn Sie bei dem Telefonat freundlich dreinschauen. Falls Ihr Gesprächspartner kein Ende findet, weisen Sie ihn höflich auf einen Folgetermin hin.

Gemäßigtes Tempo

Lassen Sie sich nicht hetzen. Auch wenn die Zeit knapp ist, gibt es keinen Grund, mit der Geschwindigkeit eines Wasserfalls durch das Thema zu rauschen. Für Ihren Gesprächspartner ist es dabei nämlich besonders schwierig, das Gesagte zu erfassen. Das gilt vor allem dann, wenn er das Thema nicht kennt oder bis eine Minute vor dem Telefonat geistig in einer anderen Materie unterwegs war. Zudem lässt Ihnen ein zu hohes Tempo auch selbst keine Möglichkeit, den Gesprächspartner wahrzunehmen. Die Folge: Sie merken nicht, ob der Gesprächspartner überhaupt zuhört, ob er sich auf das Telefonat einlässt oder ob er etwas sagen möchte.

Das Sprechtempo – eine Frage der Höflichkeit

Ein Gespräch ohne Punkt und Komma macht es höflichen Gesprächspartnern sehr schwer, den Redefluss zu unterbrechen – ohne unhöflich ins Wort zu fallen. Zwingen Sie also niemanden dazu, unhöflich agieren zu müssen.

Angemessene Wortwahl

Achten Sie während des Telefonats stets auf die korrekte Anrede und auf eine angemessene Wortwahl. „Nur weil ein Kunde duzt, darf man nicht mitduzen", warnt Sabin Bergmann von Contelle Telefontraining.

Aufrechte Körperhaltung

Überprüfen Sie stets Ihre Haltung. Nur wenn Sie aufrecht am Schreibtisch sitzen, kann sich Ihr Stimmvolumen bestmöglich entfalten. Zudem spürt Ihr Telefonpartner, wenn Sie im Chefsessel hängen wie nach einer Cocktailparty in der Hängematte – das Gespräch bekommt nämlich automatisch eine solche Färbung. Ebenso gehört es sich nicht, die Füße während des Telefonats auf den Schreibtisch zu legen. Auch dies ist eine nicht aussterbende Unsitte, die der Gesprächspartner unbewusst wahrnimmt. Darüber hinaus sind hochgelegte Beine ein Affront gegenüber Ihren Kollegen und Mitarbeitern. Sie müssen Ihre Fußsohlen sehen. Besonders Kollegen aus dem arabischen oder indischen Raum fühlen sich dadurch aufs Schlimmste beleidigt.

Konzentrieren statt Ablenken

Wenn Sie ein Telefonat führen, dann sollten Sie sich ausschließlich darauf konzentrieren. Unterlassen Sie es deshalb tunlichst, gleichzeitig zu arbeiten. Natürlich lädt der eingeschaltete Rechner dazu ein, nebenbei einige E-Mails zu beantworten oder eine Präsentation zu korrigieren. Allerdings ist dies dem Anrufpartner gegenüber sehr unhöflich, weil er die mangelnde Aufmerksamkeit spürt – etwa durch lapidares „Ja"- oder „Mhh"-Sagen. Selbst das Ausstellen des Maustaste-Klickens oder ein leises Tippen lösen das Problem nicht. Sich voll und ganz auf das Telefonat einzustellen, ist ein Zeichen der Wertschätzung. Dazu gehört natürlich auch die richtige Vorbereitung.

Aufforderungen geschickt umgehen

Auch Unachtsamkeiten in der Rhetorik können als schlechtes Benehmen interpretiert werden. Das gilt besonders für Aufforderungen, denn wer jemand anderen zu etwas auffordert, degradiert ihn und führt automatisch eine Hierarchie im Gespräch ein. „Daher ist es besser, bei offensichtlichen Anweisungen Fragen zu formulieren", rät die Telefonexpertin Bergmann und nennt ein Beispiel. Anstelle von: „Bestätigen Sie Ihre Bestellung bitte per Fax" sollte man nach ihren Worten besser sagen: „Sind Sie so nett und bestätigen Ihre Bestellung kurz per Fax?". Fragen helfen dabei, Tatsachen geschickt zu verpacken. Statt der Aussage: „Moment mal kurz!" empfiehlt sich die höfliche Frage: „Darf ich das Telefonat auf der anderen Leitung kurz annehmen?" So fühlt sich der Gesprächspartner gefragt und nicht vor vollendete Tatsachen gestellt.

Auch bestimmte Wörter führen in der Wahrnehmung zu Hierarchiedifferenzen und können Unbehagen auslösen. Neben sämtlichen Formen von „müssen" zählen dazu „sollten", „nur" und „höchstens" sowie in einigen Fällen „kann" und „würde". Besonders durch die Verwendung von Wörtern wie „müssen" oder „sollten" entsteht schnell der Eindruck, dass Sie nicht mehr auf gleicher Augenhöhe kommunizieren – sondern als Allwissender Befehle erteilen.

Wenn Sie neben diesen Tipps auf eine angemessene Lautstärke achten, um anwesende Kollegen nicht zu stören, und zudem Themen wie Beziehungsdramen, Affären, Politik, Religion oder Negatives über den Arbeitgeber aus dem Geschäftstelefonat verbannen, sind Sie aus Kniggesicht auf einem guten Weg zum korrekten Telefonat. Es sei denn, Sie beenden das Gespräch mit „Ciao" oder „Tschüssi".

Telefonate mit ausländischen Geschäftspartnern

Telefonate mit ausländischen Geschäftspartnern laufen etwas anders ab als in Deutschland. Hier müssen Sie unbedingt die Beziehungsebene berücksichtigen. Das gilt besonders für Länder wie die USA, England, Australien und Indien. Dies ist ein Gebot der Höflichkeit und Fundament jedes Geschäftserfolgs. Steigen Sie also niemals direkt ins Thema ein – versuchen Sie zuvor eine kleine Small-Talk-Plattform zu schaffen. Nachdem sich Ihr Gegenüber gemeldet hat, sollten Sie also nicht wie in Deutschland sofort zum Thema kommen („Der Grund meines Anrufes ist ...“ oder „Ich rufe an, um Ihnen ...“). Starten Sie stattdessen mit der Floskel „How are you?“. Darauf wird der Gesprächspartner antworten und die Frage an Sie richten. Sie könnten diese Situation geschickt nutzen, um nicht nur zu sagen: „Thanks, I am fine“, sondern diese Aussage auch zu begründen. Wenn Sie erklären, dass es Ihnen gut geht, weil das Wetter schön ist oder weil Ihre Fußballmannschaft ein Spiel gewonnen hat, können Sie einen kleinen Small Talk beginnen.

Auf den Punkt gebracht

- Achten Sie auf eine angemessene Begrüßung.
- Verzichten Sie auf das Hoch- und Runterfahren des Rechners während eines Telefonats.
- Unterlassen Sie es, nebenbei zu arbeiten. Schalten Sie während des Telefongesprächs den Monitor Ihres Rechners aus oder klappen Sie Ihren Laptop zu. So können Sie nicht abgelenkt werden.
- Trinken und Essen während des Telefonats sind tabu, dasselbe gilt für das Rauchen. Erstens hört der Gesprächspartner das typische Feuerzeuggeräusch und zweitens klingt das Ausatmen des Zigarettenrauchs sehr unangenehm.
- Frauen sollten darauf achten, dass die Ohrringe nicht an den Telefonhörer schlagen – da dieses Geräusch beim Gegenüber direkt in die Ohrmuschel schmettert.

12.00 Uhr: Lunch

Das Geschäftsessen oder das Mittagessen mit den Kollegen ist eine gute Möglichkeit, das Angenehme mit dem Nützlichen zu verbinden.

Tisch bestellen, Vorlieben bedenken

Falls Sie das Geschäftsessen organisieren, wählen Sie zunächst ein geeignetes Restaurant aus und reservieren Sie unbedingt einen Tisch. Fragen Sie, ob es sich um einen gut platzierten Tisch handelt und es dort nicht zu laut ist – denn das kann bei einem Geschäftsessen sehr störend sein. Falls Sie ausländische Gäste empfangen, sollten Sie daran denken, dass Gäste aus dem indischen und dem arabischen Raum oftmals kein Fleisch essen (das gilt vor allem für Rind und Schwein).

!

Als Gastgeber vor der Zeit erscheinen

Kommen Sie als Gastgeber einige Minuten vor dem Termin ins Restaurant. So können Sie nochmals alles überprüfen. Warten Sie danach im Eingangsbereich oder in der Nähe der Bar auf die Gäste, um mit ihnen gemeinsam zum Tisch zu gehen. Wenn Sie Gast sind und der Gastgeber noch nicht erschienen ist, sollten Sie zunächst fünf Minuten warten. Danach können Sie sich zum Tisch bringen lassen.

Restauranteintritt

Als Gastgeber beziehungsweise als Mann betreten Sie das Restaurant als Erster. Da Sie dabei meist die Tür öffnen, halten Sie diese kurz auf, damit die anderen hindurchgehen können. Setzen Sie sich jedoch danach wieder an die Spitze, um sich als Gastgeber nach dem reservierten Tisch zu erkundigen. Auch wenn Sie als Frau mit Kollegen unterwegs sind, dürfen Sie als Erste eintreten. Schließlich kennen Sie das Restaurant und kein Mann muss Sie vor etwas bewahren oder schützen.

Als besonders ungehobelt wird es empfunden, mit den Händen in den Hosentaschen und geöffnetem Jackett ins Lokal zu marschieren. Achten Sie daher darauf, dass Sie Ihre Hände neben dem Körper halten. Je nach Position helfen Sie anderen beim Ablegen des Mantels oder lassen sich selbst aus der Jacke helfen.

Tisch nicht selbst suchen

!

Warten Sie stets, ob Sie vom Service-Personal zum Tisch geführt werden. In gehobenen Restaurants ist dies Sitte und es wäre peinlich, sich selbst einen Tisch zu suchen. Der Tisch steht fest? Dann sieht die Reihenfolge beim Gang dorthin wie folgt aus: Der Kellner geht vor, gefolgt von Ihren Gästen beziehungsweise Kunden. Darauf folgen Ihre Mitarbeiter. Am Schluss geht der Gastgeber. Führt Sie kein Kellner zum Tisch, gehen Sie als Gastgeber voran. Beim Herausgehen lassen Sie dem Ranghöheren (Gast, Kunde, Dame, Älterer) den Vortritt.

Die Sitzordnung im Restaurant

Wer im Restaurant wo sitzt, hängt natürlich davon ab, mit wie vielen Personen Sie unterwegs sind. Speisen Sie zu zweit, sitzen Sie sich gegenüber. Sind Sie zu viert, sitzen Sie als Mann links von einer Frau und als Frau stets rechts vom Mann. Sind die weiteren Geschäftspartner ebenfalls ein Mann und eine Frau, sitzen sich Mann und Frau gegenüber. Neben dieser klassischen Sitzordnung gibt es noch die Bonner Variante. Hier platzieren sich die Herren nebeneinander und die Damen ebenso.

Falls Sie mit einer kompletten Geschäftsgesellschaft unterwegs sind, wird es etwas komplizierter: Bei einer langen Tafel sitzt der Chef in der Mitte und rechts neben ihm der ranghöchste Geschäftspartner. Möglich wäre ebenso, den Ehrengast vis-à-vis des Chefs zu platzieren. Neben dem Vorgesetzten sitzen dann die Rangnächsten. Handelt es sich um ein sehr traditionsreiches Unternehmen, sitzt der Chef mitunter am Tafelkopf. Aus diesem Grund sollten Sie sich niemals zuerst an diesen Platz setzen, falls Sie nicht selbst der Chef sind. Verzichten Sie zunächst auch auf die mittleren Plätze an der Tafel, damit diese gegebenenfalls dem Ranghöchsten zur Verfügung stehen.

Das Timing beim Setzen

In der Reihenfolge des Platznehmens kommt es wieder auf den Anlass an. Beim gemeinsamen Lunch mit den Kollegen sollten Sie versuchen, sich gleichzeitig mit den anderen zu setzen. Besonders wenn Sie keine Führungsposition innehaben oder nicht über eine gewisse Seniorität verfügen, dürfen Sie sich niemals setzen, bevor es Ranghöhere (Position, Alter) getan haben. Wenn Sie mit Geschäftspartnern speisen, bitten Sie diese, Platz zu nehmen, und setzen sich nach ihnen.

Entfernung als Gradmesser

Je unwichtiger jemand ist, desto weiter entfernt befindet er sich vom Gastgeber (Chef) beziehungsweise dem Ehrengast (ranghöchster Geschäftspartner).

Das Bestellen: Einfaches statt Kompliziertes

Was auf den Tisch kommt, hängt von vielen Faktoren ab. Liegt die anberaumte Zeit unter einer Stunde, verbietet sich ein aufwendiges Menü. Bezahlt ein Gastgeber, wählt man nicht die teuerste Speise aus. Wollen Sie sich geschäftlich unterhalten, entscheiden Sie sich nicht für ein kompliziertes Gericht, das Ihre gesamte Aufmerksamkeit erfordert. Wenn Sie mit Geschäftspartnern unterwegs sind, sollten Sie zudem auf folgende Gerichte verzichten.

Es müssen nicht Spaghetti sein

Bestellen Sie statt Spaghetti besser kleinere Pastasorten, die beim Aufrollen auf die Gabel nicht zur Soßenschleuder mutieren. Noch peinlicher, als die Tomatensoße auf die eigene Krawatte zu befördern, ist es, die Kollegen einzumatschen. Sollte Ihnen dies dennoch passiert sein, kümmern Sie sich unauffällig beim Kellner um ein angefeuchtetes Tuch und geben Sie es dem Betroffenen. Reiben Sie niemals an ihm herum! Falls Sie die Spaghetti schneiden wollen: Auch dies ist keine Alternative, sondern ein Kniggefehltritt.

Salate: Kompliziertes Falten mit Kleckerpotenzial

Wenn Sie kein Profi im Verspeisen von Salaten sind, sollten Sie bei wichtigeren Lunchs keine Salate ordern. Salat darf nicht geschnitten werden, sondern wird gefaltet. Allerdings beherrschen nur die wenigsten die Technik fehlerfrei, ein riesiges Salatblatt zur Größe eines Würfels zu falten und zum Mund zu führen, bevor sich selbiges wieder entblättert und alles Aceto Balsamico abwirft.

Sparsam mit Sonderwünschen umgehen

Wünsche zu äußern ist erlaubt. Wenn Sie bei den Beilagen statt Reis lieber Kartoffeln hätten, können Sie diesen Wunsch gerne kundtun. Achten Sie jedoch darauf, nicht ein komplettes Menü umzubestellen. Das nervt die anderen Anwesenden. Falls Sie Fisch bestellen, können Sie fragen, ob dieser für Sie filetiert wird.

Das Rufen des Kellners

Wenn Sie als Gastgeber Geschäftspartner einladen, dürfen Sie gerne ein Gericht empfehlen – allerdings mit dem Hinweis, dass der Gast gerne jedes andere Essen genauso bestellen darf. Wenn der Kellner etwas auf sich warten

lässt, sollten Sie überprüfen, ob Sie nicht zufälligerweise noch die Karte in der Hand halten oder diese geöffnet neben Ihnen liegt. Beides sind Zeichen, dass Sie noch kein Gericht gefunden haben und nach wie vor mit der Auswahl beschäftigt sind. Sind die Karten geschlossen und der Kellner kommt dennoch nicht, nehmen Sie Blickkontakt auf und rufen Sie ihn mit: „Herr Ober!". Eine Kellnerin mit „Fräulein" anzusprechen, gilt heute als unhöflich – ebenso wie „Hallo", ein durchs Restaurant gerufenes „Wir möchten bestellen!" oder gar das Schnipsen mit den Fingern. Suchen Sie Blickkontakt und warten Sie, bis das Personal an Ihren Tisch kommt. Schließlich wird es dafür bezahlt.

Das Bestellen eröffnet der Gastgeber, indem er den Kellner lediglich an den Tisch bittet. Danach gibt er an die Gäste ab. Falls Sie eingeladen werden, heißt das, dass Sie niemals sofort und ungefragt als Erster ordern. In kleineren Gruppen ist es ebenso möglich, dass der Gastgeber für seine Kunden mitbestellt.

Keine Extravaganzen auf Kosten anderer

Wer sich für ein Menü entschieden hat, aber feststellen muss, dass die anderen nur einen Gang wählen, sollte sich anpassen. Es wäre sehr unhöflich, wenn die anderen beim Essen zusehen müssen und der ganze Zeitplan an einem Menü-Esser ausgerichtet wird.

Wein bestellen und verkosten

Die Weinbestellung übernimmt der Gastgeber. Allerdings gibt es bei der Wahl des richtigen Tropfens immer wieder

Fragen und Missverständnisse. Grundsätzlich sollten Sie sich an die Regel halten, nach der zum Fisch eher ein Weiß- und zu Fleisch oder Käse eher ein Rotwein bestellt wird. Die Chance, zum Fisch einen passenden Rotwein zu bestellen, ist bei Nicht-Weinkennern äußerst gering. Wenn es ein Weißwein werden soll, machen Sie kaum etwas falsch mit einem weißen Bordeaux, einem Chardonnay, einem Sauvignon Blanc oder einem Riesling. Bordeaux ist auch beim Rotwein eine gute Wahl – ebenso wie ein Cabernet oder Shiraz. Falls Sie sich nicht sicher sind, können Sie jederzeit den Kellner um eine Empfehlung bitten.

Hochprozentiges aus Übersee

Überseeweine enthalten teilweise bis zu 14,5 Vol.-% Alkohol. Dies ist für den Mittagstisch ungeeignet. Wählen Sie hierfür lieber einen leichteren Wein aus.

Wenn Sie den Wein bestellt haben, bekommen Sie ihn auch zum Verkosten. Dabei geht es aber nicht darum, ob Ihnen der Wein schmeckt, sondern ob er korkt und richtig temperiert ist. Dreht der Kellner allerdings einen Kunststoffkorken heraus oder handelt es sich um einen Glas- beziehungsweise Drehverschluss, geht es nur noch um die Temperatur, weil der Wein nicht korken kann. Halten Sie Ihre Nase ins Testglas. Normalerweise hat der Kellner bereits am Korken geschnuppert und es dürfte nicht muffig oder vergammelt riechen. Nehmen Sie noch einen Schluck, um den Geschmack zu prüfen. Trinken Sie das Testglas aber nicht aus.

Auf den Punkt gebracht

- Lassen Sie Ranghöheren und Gästen den Vortritt.
- Wählen Sie keine ausgefallenen Speisen und kein Menü, wenn Sie der Einzige wären.
- Besprechen Sie Geschäftliches nicht in der ersten halben Stunde.
- Wein am Mittagstisch ist erlaubt. Halten Sie jedoch Maß. Vorsicht: Wer nicht frühstückt, der bekommt bereits ein kleines Glas zu spüren.

Gesprächsthemen am Tisch

Sie kennen das vielleicht: Sie sind mit dem Chef in der Mittagspause unterwegs und wollten eigentlich einige Minuten Abstand vom Tagesgeschehen gewinnen – aber Ihr Vorgesetzter missbraucht Ihre Mittagspause und spricht nicht nur über den Job im Speziellen und Allgemeinen, sondern überschüttet Sie mit Aufgaben, Projekten und Kritik. Das liegt schwer im Magen und ziemt sich nicht.

Ebenso unhöflich ist es, wenn Sie sich mit neuen Geschäftspartnern zum Lunch verabreden und sofort ins Geschäftliche einsteigen. Zwar müssen Sie hierzulande nicht bis zum Dessert warten. Allerdings sollten Sie zumindest die Vorspeise nutzen, um ein wenig Small Talk zu betreiben, beispielsweise über die Anreise, eine aktuelle Ausstellung in der jeweiligen Stadt oder das Wetter. Ungeeignete Small-Talk-Themen sind Geschichte, Politik und Beziehungen. Wenn der Geschäftspartner von sich aus mit dem

Geschäftlichen beginnt, steigen Sie selbstverständlich darauf ein. Damit es allerdings nicht zu förmlich wird, sollten wichtige Punkte nur grob angesprochen werden. Es gehört sich nicht, während des Essens Notizen zu machen. Versuchen Sie, sich wichtige Eckpunkte des Gesprächs zu merken; zurück im Büro fassen Sie diese sofort zusammen.

Brot und Couvert-Brot

Vor den eigentlichen Gängen wird in einigen Restaurants ein Brotkorb gereicht. Hier lauern gleich mehrere Knigge-fallen. Auch wenn Sie Hunger haben: Greifen Sie nicht sofort beherzt in den Korb. Warten Sie mit dem ersten Bissen, bis zumindest der Wein gebracht wurde. Oftmals gehört das Brot zu den Vorspeisen oder zum Salat und nichts wäre peinlicher, als wenn die anderen Gäste Brot nachbestellen müssten, weil Sie bereits Ihre erste Hungerattacke bekämpft haben.

Kleine Häppchen statt ganzer Schnitte

In besseren Restaurants und in Hotelgaststätten erhalten Sie meist ein sogenanntes Couvert-Brot mit Aufstrich (Butter, Olivenpaste etc.) zur Vorspeise. Bestreichen Sie nie die komplette Scheibe. Es ist ein Fehltritt, vom Vorspeisenbrot wie von einer zu Hause geschmierten Schnitte abzubeißen. Brechen Sie stattdessen mundgerechte Stücke ab (das Brot zu schneiden, gehört sich ebenfalls nicht) und bestreichen Sie immer nur den nächsten Bissen. Das abgebrochene Brot legen Sie auf Ihrem Brotteller ab, der links neben Ihrem Gedeck steht. Auch das Brotmesser sollten Sie nie auf

dem großen Teller stationieren. Wenn Sie nun alle Häppchen mit der linken Hand zum Mund führen, ist es perfekt.

Haltung an der Tafel

Für die richtige Sitzhaltung am Tisch gibt es eine einfache und leicht zu merkende Regel: Auf dem Schoß sollte eine Katze Platz finden, zwischen Rücken und Stuhllehne eine Maus. Das bedeutet, dass Sie aufrecht sitzen und den Stuhl nah genug an den Tisch gerückt haben müssen, sodass zwischen Oberkörper und Tischkante etwa eine Handbreit Abstand ist. Die Füße gehören direkt vor den eigenen Stuhl und dürfen nicht ausgestreckt werden. Die Hände verschwinden niemals unter dem Tisch, sondern befinden sich oberhalb, wobei maximal die Handgelenke abgelegt werden.

Besteck richtig eindecken und benutzen

Die Sache mit dem Besteck ist gemeinhin einfacher als sie aussieht. Beim normalen kleinen Gedeck liegt die Gabel links des Tellers, Messer und Suppenlöffel befinden sich rechts. Rechts oberhalb steht das Glas. Quer über dem Teller ruht der Dessertlöffel. Beim einfachen Mittagstisch mit Kollegen wird das Besteck mitunter in Krügen in der Tischmitte platziert. Hier decken Männer für Frauen und Rangniedere für die Ranghöheren schnell mit ein. Legen Sie dafür eine Serviette rechts neben den Teller und darauf von rechts nach links (zum Teller hin) Löffel, Messer, Gabel. Für die kleine Geste können Sie das Besteck der anderen

über den Tisch reichen. Achten Sie darauf, das Besteck nicht an den Schneideflächen zu berühren. Wenn Sie täglich mit denselben Kollegen zum Essen gehen, ist jeder einmal mit Eindecken dran.

Stets von außen nach innen benutzen

Bei einem mehrgängigen Menü, wie es eigentlich zum Abendessen eher üblich ist, sieht die Sache mit den Schneidewerkzeugen auf den ersten Blick vielleicht etwas komplizierter aus. Aber auch hier können Sie wenig falsch machen. Was Sie mit der rechten Hand anfassen, liegt rechts – und umgekehrt. Nun essen Sie sich beim Besteck ganz einfach Gang für Gang von außen nach innen vor. Gibt es eine Vorspeise, nehmen Sie also ganz einfach rechts das kleinere Messer und links die kleinere Gabel, die jeweils ganz außen liegen. Wenn Sie Fisch bestellt haben, wird Ihnen ein Fischbesteck eingedeckt und das unnötige Besteck entfernt.

Das Besteck mittig greifen

Nachdem Sie wissen, welches Besteck Sie wann zur Hand nehmen, stellt sich die Frage nach dem „Wie": Fassen Sie den Griff so an, dass Sie beim Messer nicht zu nah an der Schneide sind und bei der Gabel nicht zu nah an den Zinken. Da das Besteck kein Handwerkszeug ist, wird es nicht mit der kompletten Hand umklammert wie ein Hammer. Achten Sie auch beim Schneiden von Fleisch darauf, dass Sie das Messer nicht mit einer Faust greifen, sondern stets elegant anfassen. Das Essen wird mit der Gabel zum Mund geführt – und nicht der Kopf zum Essen. In England und in

feinen Restaurants können Sie die Gabel umdrehen und mit dem Rücken zum Mund führen. Es ist aber völlig okay, wenn Sie die Gabel im Alltag normal benutzen.

Auf den Punkt gebracht

- Achten Sie auf eine korrekte Haltung am Tisch. Die Arme sind nah am Körper und werden nie auf dem Tisch abgelegt oder darunter versteckt.
- Nur die Hände (Handgelenke) dürfen auf dem Tisch abgelegt werden.
- Nehmen Sie immer das Besteck, das ganz außen liegt, und arbeiten Sie sich Gang für Gang nach innen vor.
- Benutztes Besteck wird nie auf dem Tischtuch abgelegt – weder komplett noch mit dem Griff, auch nicht auf die Serviette, die ohnehin nichts neben dem Teller zu suchen hat.
- Wenn Sie das Besteck während des Essens abgelegen, bedeutet die 20-Minuten-nach-sieben-Uhr-Stellung, dass Sie pausieren. Hier ruht das Messer auf 20 Minuten (Schneide nach innen/links) und die Gabel auf sieben Uhr. Anders ausgedrückt: Wenn Sie beim Essen pausieren, ergibt das Besteck ein „A" ohne Querbalken. Achten Sie aber darauf, dass Sie das Besteck nicht in die Soße legen.
- Wenn Sie mit dem Essen fertig sind, platzieren Sie Messer und Gabel auf die 20-Minuten-nach-vier-Uhr-Stellung. Messer und Gabel liegen dabei parallel im zweiten Quadranten des Tellerkreises und das Messer befindet sich oberhalb der Gabel.

- Greifen Sie das Besteck elegant und führen Sie stets das Besteck zum Mund und nicht umgekehrt.
- Anders als in den USA gehört es sich in Deutschland nicht, erst mit rechts zu schneiden und anschließend mit der Gabel einhändig zu speisen.
- Mit vollem Munde spricht man nicht: Der Mund bleibt beim Kauen geschlossen.

Kleine Gläserkunde

Das Rotweinglas befindet sich über der Spitze des Tafelmessers. Es ist meist etwas bauchiger als das Weißweinglas. Zudem ist die Öffnung größer, damit die Nase hineinpasst und sich der Wein besser entwickeln kann. Das kleinere Weißweinglas befindet sich rechts darunter. Falls es ein höheres dünnes Sektglas gibt, steht dies links darüber. Für gewöhnlich können Sie bei den Gläsern nichts falsch machen, da sie vom Kellner befüllt werden. Andernfalls schenkt der Gastgeber nach. Als Frau nehmen Sie sich nie allein vom Wein, sondern warten, dass ein anderer Ihrem leeren Glas Aufmerksamkeit schenkt.

Weingläser: Stilvoll am Stiel anfassen

Weingläser bestehen aus Stiel und Kelch bzw. Cuppa. Fassen Sie das Glas nie am Kelch an, sondern stets am Stiel. So vermeiden Sie Fingerspuren und ein zu schnelles Aufwärmen durch die Körpertemperatur.

Serviettenkunde

Damit Ihre Gläser nach dem Essen nicht die Menüfolge erzählen und Sie das Restaurant unbefleckt verlassen können, gibt es die Serviette. Auch wenn es praktisch wäre: Die Serviette wird weder in den Hemdkragen gesteckt, noch umgebunden oder neben dem Teller liegen gelassen. Stattdessen kommt sie auf Ihren Schoß – und zwar sofort nach dem Platznehmen und nicht erst zum ersten Gang. Ausschließlich beim Essen von Spaghetti dürfen Sie sich den Schutz in den Kragen stecken, wobei Sie – wie bereits erwähnt – auf Spaghetti verzichten sollten.

Wenn Sie die Serviette benutzen, tupfen Sie damit Ihren Mund ab. Die Betonung liegt dabei auf dem Wort „tupfen". Nutzen Sie die Serviette immer, bevor Sie etwas trinken. So bleibt das Glas sauber und ansehnlich. Falls Sie während des Essens den Tisch verlassen müssen – was sich übrigens nur im äußersten Notfall und zwischen den einzelnen Gängen gehört –, legen Sie die Serviette links neben dem Teller ab.

Wohin mit der benutzten Serviette?

Legen Sie Ihre Stoffserviette nach dem letzten Gang niemals auf den Teller, sondern links daneben. Falten Sie sie dabei entgegengesetzt, damit die schmutzigen Stellen nicht zu sehen sind und die benutzte Serviette nicht unappetitlich aussieht. Papierservietten wurden lange Zeit auf den leeren Teller gelegt, doch auch hier setzt sich nunmehr durch, diese wie die Stoffbrüder zu behandeln und links neben dem Tisch abzulegen.

Falls Ihnen die Serviette während des Speisens herunterfallen sollte: Krabbeln Sie bloß nicht unter die Tafel und versuchen Sie auch nicht, den Ausreißer mit den Füßen zurück zu den Händen zu befördern. Warten Sie einfach auf den Kellner und bestellen Sie eine neue.

Das Bezahlen

Besonders ausländische Geschäftspartner sind immer wieder irritiert, wie Deutsche im Restaurant bezahlen. Wenn Sie mit Kollegen unterwegs sind, können Sie die Rechnung wie gewohnt teilen. Die meisten Häuser haben sich darauf eingestellt und rechnen getrennt ab. Falls dies nicht der Fall ist, sollte einer die Rechnung übernehmen und man teilt die Rechnung anschließend. Eine andere Variante ist es, zusammenzulegen. Dafür legt jeder seinen Teil (inklusive Trinkgeld) in die Mitte.

Wer als Gastgeber auftritt, übernimmt die Rechung für den kompletten Tisch. Dafür ist es ratsam, nach dem Dessert kurz an die Theke zu gehen und die Bezahlung zu regeln. Das Trinkgeld sollte sich dabei auf zehn Prozent des Gesamtbetrages belaufen.

Auf den Punkt gebracht

- Benutzen Sie vor dem Trinken die Serviette, die sonst auf dem Schoß liegt.
- Vermeiden Sie es, sich am Tisch die Nase zu putzen. Wenn es nicht anders geht, drehen Sie sich vom Tisch weg und tupfen Sie die Nase leise ab.

- Rauchen Sie niemals während der Gänge und fragen Sie stets, bevor Sie sich eine Zigarette anzünden. Achten Sie darauf, dass an angrenzenden Tischen nicht gegessen wird.
- Ein Essen schließt niemals mit einem Cappuccino, sondern mit einem Espresso.

13.10 Uhr: Der Handy-Knigge

Stellen Sie sich vor, das Geschäftsessen ist gut gelaufen und Sie gehen zufrieden zurück ins Büro. Da der Weg rund 30 Minuten dauert, entschließen Sie sich für ein kurzes Telefonat. Sie holen Ihr Handy aus der Sakkotasche und schalten es ein – da Sie es zum Lunch kniggesicher komplett ausgeschaltet hatten. Doch just als Sie die Nummer wählen, fragen Sie sich: Wie wirkt es, wenn ich das Telefonat im Gehen führe? Wie wirkt es auf die Mitmenschen? Gehört sich das überhaupt?

Der Segen des Handys ist zugleich sein Fluch. Es kann überall hin mitgenommen werden – etwa in Meetings. Wenn Geschäftsleute in Besprechungen angerufen werden, sind sie häufig gleich doppelt unfreundlich. Während es in stark beziehungsorientierten Ländern wie Indien durchaus üblich ist, dass ein Meeting für ein Telefonat unterbrochen wird, empfinden deutsche Geschäftspartner ein solches Verhalten als unhöflich. Es wirkt, als ob das Meeting keine Priorität besitze und wegen jeder Beliebigkeit unterbrochen werden könne. Doch nicht nur die Anwesenden werden vor den Kopf gestoßen. Der Anrufer bekommt in neun von zehn Fällen vorwurfsvoll zu hören: „Ich bin gerade in einem Meeting und habe keine Zeit."

!

Keine Vorwürfe an den Anrufer

Da der Anrufer nie wissen kann, ob sich der Gesprächspartner gerade in einer ungünstigen Situation befindet, darf ihm der Anruf nie vorgeworfen werden.

Wo wird worüber gesprochen?

„An Orten, wo man sich zur Freude versammelt, beim Tanze, in Schauspielen und dergleichen, rede mit niemand von häuslichen Geschäften, noch weniger von verdrießlichen Dingen. Man geht dahin, um sich zu erholen, um auszuruhn, um kleine und große Sorgen abzuschütteln, und es ist also unbescheiden, jemand mit Gewalt wieder mitten in sein tägliches Joch hineinschieben zu wollen." (Adolph Freiherr Knigge)

Leider werden durch das Handy immer öfter Themen in ein Umfeld transportiert, in dem sie nichts zu suchen haben. Andere Gäste suchen in einem Restaurant Erholung und möchten nicht von einem Telefonat an die Arbeit erinnert werden. Zudem lassen sich Geschäftsthemen, die Aufmerksamkeit erfordern, selten an einem geselligen Ort besprechen. Die Umgebung verringert die Aufmerksamkeit, die eigentlich für den Anruf nötig wäre. Und da Sie keine Notizen machen können, muss das Telefonat ohnehin noch einmal nachgeholt werden. Schalten Sie daher das Handy aus, wenn Sie oder andere Zerstreuung suchen.

Wichtige Anrufe vor dem Meeting ankündigen

Falls Sie während eines Meetings einen Anruf erwarten, sollten Sie es Ihren Gesprächspartnern zu Beginn mitteilen und das Handy auf Vibrationsalarm stellen. Falls der Anruf kommt, entschuldigen Sie sich und treten kurz vor die Tür. So bleibt den Meetingteilnehmern eine kurze Pause. Und Sie können fünf Minuten ungestört und freundlich telefonieren.

Vorsicht bei der Wahl des Klingeltons

Die neuesten Charts gehören ins Privatradio und nicht auf Ihr Handy. Wählen Sie stattdessen einen klassischen Klingelton und entscheiden Sie sich zudem für eine Lautstärke, die Ihrem Umfeld nicht zur Qual wird.

Auf den Punkt gebracht

- Schalten Sie das Handy bei wichtigen Gesprächen aus.
- Sagen Sie Anrufern nie, wobei sie Sie gerade stören.
- Konfrontieren Sie Anrufer, die Sie am Wochenende oder nach 21 Uhr auf dem Handy anrufen, nicht mit deren mangelnden Anstand. Sie müssen selbst entscheiden, ob Sie für Telefonate erreichbar sein wollen.
- Falls Sie selbst telefonieren, sollten Sie andere nie nach 22 Uhr oder vor 9 Uhr anrufen.
- Beachten Sie bei Kontakten mit ausländischen Geschäftspartnern stets die Zeitdifferenz. Nach Osten hin geht die Uhr vor, nach Westen geht sie nach.
- Handys gehören weder in Gürteltaschen noch auf den Konferenztisch. Zur Aufbewahrung eignet sich die Hosentasche. Mitunter kann das Sakko die bessere Wahl sein, wenn die Hose durch das Handy ausbeult.
- Falls Sie viel im Ausland unterwegs sind, sollten Sie die Voicebox erst in Deutsch besprechen und dann in einer angebrachten anderen Sprache. Bei der Ansage sollte ein kurzer Gruß („Guten Tag") nicht fehlen. Nennen Sie anschließend Ihren Namen.

- Checken Sie während eines Meetings keine E-Mails auf Ihrem Handy. Das ist unhöflich. Missverstanden werden kann auch, falls Sie das Handy nutzen, um die Uhrzeit in Erfahrung zu bringen. Meetingteilnehmer könnten denken, Sie seien genervt oder in Zeitnot.
- Wählen Sie einen seriösen Klingelton in einer normalen Lautstärke.
- Gewöhnen Sie sich gar nicht erst an, bei bestimmten Rufnummern nicht ans Handy zu gehen. Der Anrufer könnte Sie später mit unterdrückter Nummer anrufen – dann sitzen Sie in der Falle, falls Sie abnehmen.
- Sollten Sie keine Zeit für ein Telefonat haben, bieten Sie einen Rückruf an. Werfen Sie jedoch keinen Anrufer aus der Leitung. Dies ist unhöflich.
- Lassen Sie nie Unbeteiligte am Telefonat teilhaben. Dadurch verbieten sich Telefonate in kleinen Räumen. Sprechen Sie in Zügen mit leiser Stimme.
- Diskutieren Sie in der Öffentlichkeit niemals Privates.
- Laufen Sie nicht während eines Telefonats hin und her. Ihr Gesprächspartner hört Ihren Atem, zudem können Sie sich nicht auf das Gespräch konzentrieren.
- Rauchen, essen oder trinken Sie nicht während des Handygesprächs.
- Gehen Sie nicht an Ihr Handy, wenn Sie gerade ein Gespräch auf dem Festnetz führen. Lassen Sie es klingeln und rufen Sie in aller Ruhe zurück.
- Ihr Handy sollte stets gepflegt aussehen.

15.00 Uhr: Bewerberknigge

Bekanntlich sind die ersten Minuten des Kennenlernens entscheidend. Umso wichtiger ist es, dass Sie auch bei der Bewerbung nicht ins Fettnäpfchen treten. Dies gilt sowohl, wenn Sie sich als Bewerber vorstellen, als auch, wenn Sie als Führungskraft einen Bewerber interviewen.

Bewerberknigge für Personaler und Chefs

Wie ernst es einem Unternehmen mit der Personalauswahl ist und welche Kultur in einer Firma herrscht, bekommen viele Bewerber beim Warten auf das Vorstellungsgespräch zu spüren. Lassen Sie daher einen Bewerber nicht 30 Minuten im Empfangsraum sitzen, sondern seien Sie pünktlich.

Für das Bewerbungsgespräch gelten grundsätzlich dieselben Tipps wie beim Meeting mit Geschäftspartnern:

- Stellen Sie sich mit Namen und Position vor.
- Bieten Sie als Ranghöherer von sich aus einen Handschlag an, um den Bewerber nicht ins Leere laufen zu lassen.
- Sorgen Sie für einen sauberen Meetingraum.
- Stellen Sie Telefone um und Ihr Handy aus.
- Weisen Sie dem Bewerber einen Platz zu und bieten Sie ein Getränk an.
- Widmen Sie sich ausschließlich dem Bewerber: Nebenbei zu essen oder sich anderen Dingen zu widmen, ist ein absolutes, aber weit verbreitetes No-Go.

- Senden Sie Bewerbungsunterlagen zurück und informieren Sie Kandidaten zeitnah über Ihre Entscheidung.

Adolph Freiherr Knigge ist in seinem 1788 veröffentlichten Werk „Über den Umgang mit Menschen" ausführlich auf das Miteinander eingegangen. Das Gros seiner Ratschläge lässt sich auf eine Bewerbungssituation übertragen. Wie wichtig Ihnen ein Mensch ist, kommt demnach dadurch zum Ausdruck, wie sehr Sie sich mit ihm beschäftigt haben. Natürlich haben Sie eine Menge Bewerbungsunterlagen gelesen und viele Namen und Gesichter gesehen, von denen Sie sich unmöglich alle merken können. Deshalb sollten Sie eine halbe Stunde vor dem Gespräch nochmals die Bewerbungsunterlagen des Kandidaten zur Hand nehmen und einen Zettel mit Notizen und Fragen anfertigen.

Vorbereitet und ausgewogen

„Rede also nicht zu viel von Dir selber (...). Zeige in keiner Gesellschaft ein solches Übergewicht, dass andre verstummen, sich in schlechtem Lichte zeigen müssen!"
(Adolph Freiherr Knigge)

Hat der Bewerber Platz genommen, sollten Sie nicht sofort mit dem eigentlichen Bewerbungsgespräch beginnen. Um die Situation etwas aufzulockern, empfiehlt sich die Frage nach der Anreise. Danach sollten Sie das Gespräch mit Fragen zu den Beweggründen für die Bewerbung und zu den beruflichen Stationen beginnen. Achten Sie darauf, dass jeder in etwa gleich viel zu Wort kommt. Nichts ist peinlicher, als ohne Unterlass ausschließlich über eigene Erfolge und die Vorreiterrolle des Unternehmens zu sprechen. Bleiben Sie neutral und geben Sie dem Bewerber die Chance, Fragen zur Stelle und zur Firma zu formulieren.

!

Keine zu persönlichen Fragen stellen

Fragen zu den Vermögensverhältnissen eines Bewerbers, zum Kinderwunsch oder zur Parteizugehörigkeit gehören sich nicht nur aus Kniggesicht nicht. Solche Fragen sind auch mit Blick auf das Allgemeine Gleichbehandlungsgesetz (AGG) zu unterlassen.

Siezen und Altersunterschiede beachten

Zur Anrede sollten Sie auf alle Fälle ein „Sie" wählen, auch wenn im Unternehmen das „Du" üblich ist. Besonders bei älteren Bewerbern ist ein respektvoller Umgang Pflicht. Zwar hebt eine Firmenhierarchie die Altershierarchie auf, dennoch hat ein älterer Bewerber verdient, dass er respektvoll behandelt wird. Das Gespräch wird von Ihnen beendet. Verabschieden Sie sich dabei mit Handschlag. Falls Sie die Chancen des Bewerbers zu diesem Zeitpunkt schon einschätzen können, dürfen Sie ihm diese Tendenz mitteilen.

Bewerberknigge für Bewerber

„Hochmut ist es, der den Pinsel von sechzehn Ahnen aufbläht, dass er die Verdienste seiner Vorfahren – die oft nicht einmal seine echten Vorfahren sind, und oft nicht einmal Verdienste gehabt haben – dass er diese sich anrechnet, als wenn Tugenden zu dem Inventar eines alten Schlosses gehörten."

(Adolph Freiherr Knigge)

Wenn Sie ein Bewerbungsgespräch haben, kleiden Sie sich mit einem Anzug beziehungsweise mit einem Kostüm. Halten Sie sich dabei an die im Eingangskapitel beschrieben Tipps. Achten Sie darüber hinaus auf Pünktlichkeit. Sollten Sie bei einer längeren Anreise trotz großzügiger Zeitkalkulation in einen Stau geraten, rufen Sie sofort an, um die Verspätung mitzuteilen. Denken Sie daran, dass Sie im Unternehmen nicht nur zum Personalchef beziehungsweise zu der Person freundlich sind, die durch Ihr Gespräch führt. Auch der Pförtner und die Sekretärin könnten sich beim zukünftigen Vorgesetzten beschweren, falls sie nicht gegrüßt wurden.

Das Begrüßen beginnen, den Handschlag abwarten

Beim Begrüßen des Vorgesetzten sollten Sie als Bewerber nicht als Erster die Hand reichen, sondern warten, dass man Ihnen die Hand anbietet. Warten Sie zudem darauf, dass man Ihnen den Weg geleitet und Ihnen einen Platz zuweist. Setzen Sie sich niemals unaufgefordert hin. Wenn Ihnen ein Getränk angeboten wird, dürfen Sie dieses gerne annehmen. Versuchen Sie, freundlich und korrekt zu sein – übertreiben Sie es aber nicht. Achten Sie einfach auf eine normale gerade Haltung, fläzen Sie sich nicht in den Stuhl. Die Hände gehören nicht unter den Tisch und zu keinem Zeitpunkt in die Hosentaschen, sondern sichtbar auf den Tisch (nur die Hände, nicht die Arme).

Hochmut, Prahlerei & Eigenlob: Knigges Todsünden bei der Selbstpräsentation

Zugegeben: Als Bewerber ist es wichtig, sich in einem guten Licht zu zeigen. Anderseits kann Ihr Versuch zu glänzen schnell als Hochmut ausgelegt werden – oder als Prahlerei, was Knigge ebenfalls nicht gutheißt: „Haben sie einmal die Fertigkeit erlangt, auf Unkosten der Wahrheit, eine Begebenheit, ein Bild, einen Satz zu verzieren, so fangen sie zuweilen an, ihren eigenen Windbeuteleien zu glauben, alle Gegenstände durch ein Vergrößerungsglas anzusehen (...)". Gerade weil die Übergänge zwischen Wahrheit und Dichtung fließend sind, sollten Sie sich bereits beim Schreiben der Bewerbung fragen, ob Sie sich damit tatsächlich im richtigen Licht darstellen.

Frühere Firmen: Porsche, Mercedes, BMW

Eine junge Bewerberin wollte sich bei einer Bank bewerben. Während des Studiums hatte sie als Promoterin gearbeitet – war also im Auftrag einer Agentur für diverse Unternehmen unterwegs, um Proben zu verteilen oder Unterschriften zu sammeln. Statt im Lebenslauf den Namen der Agentur zu nennen, schrieb Sie bereits im Anschreiben, sie habe für Unternehmen wie Boss, Porsche und Gucci gearbeitet. Dies erweckte jedoch den Eindruck, sie habe bei diesen Firmen auf dem Lohnzettel gestanden, was nicht stimmt.

Verzichten Sie darauf, die Qualität der eigenen Arbeit zu loben. Eigenlob hat keinen Wert. Lassen Sie im Zeugnis andere über Ihre Qualitäten sprechen und reden Sie nur über Ihre Fähigkeiten – sagen Sie aber nicht, Sie hätten dies oder jenes besonders gut oder ausgezeichnet getan.

„Sei, was Du bist, immer ganz, und immer derselbe", riet schon Knigge. Für Sie als Bewerber heißt das: Spielen Sie keine Rolle. Zwar ist es einfach, sich für ein zweistündiges Bewerbungsgespräch zu verstellen. Allerdings wird es schwierig, diese Rolle über mehrere Jahre zu spielen, wenn Sie den Job schließlich bekommen haben.

Plaudern Sie nicht über Interna

Verschwiegenheit ist eine Tugend, die Bewerber im Vorstellungsgespräch gerne vergessen. Teilweise antworten sie unbedacht auf jede Frage des Personalers und lüften so Geheimnisse ihres alten Arbeitgebers, über die sie nicht sprechen dürfen. Hüten Sie sich davor, alle Interna bereits beim Vorstellungsgespräch auszuplaudern. Natürlich hat das neue Unternehmen – besonders wenn es in der gleichen Branche tätig ist wie der frühere Arbeitgeber – ein Interesse daran, möglichst viel über andere Prozesse und Projekte in Konkurrenzunternehmen zu erfahren. Allerdings liegt bei allzu freizügigen Bewerbern die Vermutung nahe, dass sie beim nächsten Arbeitsplatzwechsel abermals sofort alles preisgeben.

Bleiben Sie loyal gegenüber Ihrem früheren Chef

Falls Sie ein Vorstellungsgespräch führen, weil Sie mit Ihrem aktuellen Arbeitgeber unzufrieden sind, sollten Sie sich unbedingt mit Kritik zurückhalten. Tappen Sie nicht in die Falle, über Ihre aktuelle beziehungsweise frühere Firma zu schimpfen oder gar schlecht über Ihren Vorgesetzten zu sprechen. Ihr neuer Arbeitgeber wird sonst schnell an Ihrer

Loyalität zweifeln. Nennen Sie andere Beweggründe, die Sie zum Stellenwechsel bewogen haben.

Vorsicht mit Kritik und Verbesserungsvorschlägen

Stellen Sie sich vor, Sie sollen auf Ihrem neuen Posten eingefahrene Prozesse verbessern. Da scheint es nur logisch, dass Sie bereits zum Vorstellungsgespräch über vermeintliche Probleme berichten, die es beim neuen Arbeitgeber geben könnte. Halten Sie sich jedoch genau damit zurück. Erstens können Sie Prozesse und interne Störfaktoren Ihres zukünftigen Unternehmens nicht kennen. Zweitens wissen Sie nicht, welche Rolle jene Person bei den Problemen spielt, die Ihnen gerade im Bewerbungsgespräch gegenübersitzt. Niemand möchte gerne von jemand Externen kritisiert werden. Bezeichnen Sie Ihre Optimierungsvorschläge niemals als Verbesserungsmöglichkeiten, sondern als eventuelle Ideen, die neben dem bisherigen Prozedere versucht werden könnten.

Auf den Punkt gebracht

- Seien Sie pünktlich und korrekt gekleidet.
- Höflich zu sein heißt nicht, zu kuschen oder nicht nachzufragen: Fühlen Sie sich als ernsthafter Gesprächspartner und seien Sie respektvoll.
- Übertreiben Sie Ihre positive Selbstdarstellung nicht. Glänzen Sie nicht nur mit Errungenschaften, sondern erklären Sie, wie diese Ihnen künftig helfen können.
- Bekunden Sie Interesse am Unternehmen.

15.30 Uhr: Präsentation

„Rede nicht von Dingen, die außer Dir schwerlich jemand interessieren könnten. (...) Rede nicht in einer fremden Sprache, wenn es glaublich ist, dass nicht jeder, der um Dich ist, dieselbe versteht." (Adolph Freiherr Knigge)

Dass Präsentationen alles andere als einfach sind, beweist der Alltag. Referenten wenden ihrem Publikum den Rücken zu, reihen langweilige Phrasen aneinander oder sprechen in einer Fachsprache, die keiner der Anwesenden versteht. Im Folgenden lesen Sie, wie Sie es besser machen.

Vorbereitung Ihrer Präsentation

Viele Präsentationen und Vorträge scheitern, weil sie langweilig sind. Um dies zum verhindern, sollten Sie sich vorher darüber Gedanken machen, was Sie dem Publikum eigentlich vermitteln möchten. Dafür eignen sich drei Fragen.

- Erstens: Ist das Thema nur für den Referenten wichtig, interessant und aktuell oder auch für das Publikum?
- Zweitens: Wie lässt sich ein Thema für das Publikum wichtig, interessant und aktuell gestalten (Wo liegt der Mehrwert für die Zuhörer)?
- Drittens: Welches Ziel verfolge ich mit dem Vortrag?

Nur wer weiß, was er überhaupt erzählen möchte und was er damit beim Publikum bewirken will, kommt auf den Punkt.

- Definieren Sie den Inhalt und das Ziel der Präsentation.
- Planen Sie Zeitrahmen und Ablauf der Präsentation.
- Überlegen Sie, welche Hilfsmittel (PowerPoint, Flipchart etc.) Sie einsetzen wollen.
- Überlegen Sie, was Sie an anderen Präsentationen stets stört und wie Sie Ihre eigene Präsentation vor solchen Fehlern bewahren können.

Zur Vorbereitung gehört auch, sich über den vorgegebenen Zeitrahmen zu informieren und die Präsentation so zu gestalten, dass sie das Zeitfenster nicht sprengt. Es ist eine nicht aussterbende Unverschämtheit, eine auf 15 Minuten veranschlagte Präsentation auf 30 Minuten auszudehnen. Proben Sie deshalb Ihren Vortrag mit der Stoppuhr.

Die erfolgreiche Durchführung

Wer weiß, was er vermitteln möchte, ist bereits ein gutes Stück weiter. Um jedoch verstanden zu werden, müssen Sie sich in das Publikum hineinversetzen – und es abholen. In einigen Fällen ist es notwendig, Hintergrundwissen einzubauen. Es ist jedoch falsch, diese Informationen gleich zu Beginn des Vortrages vorzubeten. Dadurch fühlen sich alle gelangweilt, die sich bereits auskennen. Besser: Beginnen Sie mit einer Neuigkeit, mit dem Wichtigsten. Flechten Sie das Hintergrundwissen in Ihre Ausführungen ein.

Seien Sie sich bereits bei der Vorbereitung darüber bewusst, dass Sie die Zeit anderer Menschen binden und dass Ihre Zuhörer ein Recht darauf haben, in dieser Zeit etwas Nützliches zu erfahren. Denken Sie darüber hinaus an die Wirkung Ihrer Präsentation: Rechtschreibfehler, unpassende Beschreibungen oder unseriöse Farben lassen innerhalb von Sekunden Zweifel an der Seriosität aufkommen. Smileys, verspielte Animationseffekte oder ausgefallene Schrifttypen haben in Firmenpräsentationen nichts zu suchen. Wenn Ihr Unternehmen einen speziellen Corporate-Design-Leitfaden hat, sollten Sie sich daran halten.

Rhetorik: Beispiele und Geschichten einbauen

Achten Sie auf eine klare und hochdeutsche Aussprache. Vermeiden Sie Fachwörter und englische Begriffe. Wer in seinem Vortrag nur von „Timeslots", „Opportunities" und „Stakeholdern" spricht, wirkt wichtigtuerisch und übt keinen Dienst an der deutschen Sprache. Bemühen Sie sich stattdessen um lebendige Formulierungen. Das heißt: Verzichten Sie auf unnütze Substantivierungen und bringen Sie stattdessen viele Beispiele und Vergleiche ein. Erzählen Sie Geschichten und berichten Sie von Erfahrungen aus dem Alltag, an denen sich die Inhalte erklären lassen. Diese Bildhaftigkeit bleibt den Zuhörern im Gedächtnis.

Körpersprache: Stabiler Stand und langsame Bewegungen

Die Hände gehören während des Vortrages zu keinem Zeitpunkt in die Hosentaschen und beim Sitzen niemals unter den Tisch. Wenn Sie im Stehen referieren, sollten Sie den stabilen Seemannsstand wählen. Stellen Sie sich dazu ganz normal hin und lassen Sie zwischen den Füßen ein wenig Abstand. Verknoten Sie im Stehen niemals die Füße, da sich ein unsicherer Stand auf den Vortrag auswirkt.

Achten Sie darauf, während des Referierens Blickkontakt zu halten. Nur wenn Sie Ihr Publikum ansehen, merken Sie, ob es folgen kann oder ob es Fragen hat. Seien Sie sich der Sprache Ihres Körpers bewusst: Ein gesenkter Kopf beispielsweise symbolisiert Unsicherheit. Vermeiden Sie zudem schnelle, ruckartige Bewegungen sowie nervöses Zappeln. Statt hektisch mit den Armen zu fuchteln, sollten Sie langsame und große Bewegungen nutzen, um bestimmte Inhalte zu unterstreichen.

Auf den Punkt gebracht

- Bereiten Sie sich auf die Präsentation vor.
- Lesen Sie nicht die Folien von der Wand ab, auf die Sie projizieren. Es ist unhöflich, den Rücken zu zeigen.
- Nichts ist langweiliger, als wenn der Referent die Folien eins zu eins abliest. Das Publikum kann selbst lesen und erwartet weiterführende Informationen.
- Der Vortrag darf weder dazu missbraucht werden, um sich selbst zu präsentieren, noch um die Präsentation an sich in den Mittepunkt zu stellen. Von Interesse ist einzig und allein der Inhalt.
- Präsentationen mit 100 Folien sind eine Unverschämtheit. Planen Sie pro Folie mindestens ein bis drei Minuten ein und begrenzen Sie auf maximal 30 Folien.
- Achten Sie auf Ihre Körpersprache.
- Formulieren Sie Ihren Vortrag in Hochdeutsch.
- Halten Sie sich genau an die Präsentationszeit.

16.15 Uhr: Netzwerken

„Vor allen Dingen hüte man sich, jemand um eine Gefälligkeit zu bitten, wenn man voraus wissen kann, dass er uns nicht wohl, wenn er es auch wollte, eine abschlägige Antwort geben darf. Wohltaten annehmen, macht abhängig; man weiß nicht, wie weit das führen kann." (Adolph Freiherr Knigge)

Netzwerke und Klubs sind keine Erfindung der Neuzeit und seit jeher nicht nur ein Ort des Kontakteknüpfens, sondern auch des Gebens und Nehmens. Bevor Sie jedoch in einem Netzwerk Gefälligkeiten und Dienste verteilen und konsumieren, sollten Sie sich grundsätzliche Fragen stellen.

- Was erwarten Sie sich vom Eintritt?
- Können Sie jederzeit austreten, ohne dass Sie selbst oder bürgende Freunde einen Gesichtsverlust erleiden?
- Welche Kontakte im Netzwerk sind wirklich wichtig und auf welche sollten Sie besser verzichten?

Internetnetzwerke

Jeder kennt jeden über sechs Ecken – diese Überlegung steht hinter Businessnetzwerken wie XING oder LinkedIn. Natürlich ist die Versuchung groß, sich durch das schnelle Hinzufügen vieler Kontakte einen umfangreichen Kontaktkreis aufzubauen. Doch der Wert eines solchen Netzwerks nimmt nicht automatisch mit der Zahl seiner Teilnehmer zu – sondern mit deren beruflichem Ansehen und deren Erfahrung.

Erstens: Wählen Sie alle Kontakte mit Bedacht

Es gibt bei XING Mitglieder, die über 20.000 Kontakte zählen. Zugegeben: Das klingt imposant. Doch wenn Sie sich in einem Online-Netzwerk anmelden, sollten Sie jeden Kontakt mit Bedacht wählen. Fragen Sie sich, ob Sie diesen Menschen schätzen und ob Sie sich mit ihm auch im realen Leben auf einen Wein treffen würden. Wenn Sie diese Frage mit „Nein" beantworten, sollten Sie ihn nicht zu Ihrer Kontaktliste hinzufügen. Dasselbe gilt für Menschen, denen Sie im normalen Leben aus dem Weg gehen. Warum sollten Sie in der virtuellen Welt einen Kontakt pflegen, den Sie in der Realität meiden würden?

Überlegen Sie zudem genau, welchen Ruf der zukünftige Kontakt hat. Der Spruch: „Zeige mir deine Freunde und ich sage dir, wer du bist", hat auch im Internet Gültigkeit. Am Ende wirft der schlechte Leumund eines übereilt bestätigten Kontaktes ein schlechtes Licht auf Sie, da sich andere Menschen fragen, was Sie mit dieser Person zu schaffen haben. Überlegen Sie sich die Kontaktaufnahme daher sehr genau, denn es ist deutlich schwieriger, sich nachträglich von einem Kontakt zu trennen, als ihn neu hinzuzufügen.

Zweitens: Nennen Sie Ihre Beweggründe

Wenn Sie zu einem anderen Mitglied Kontakt aufnehmen möchten, sollten Sie bei der Kontaktaufnahme den Grund dafür erwähnen. Diese kurze Begründung ist auch für Sie selbst eine gute Überprüfung, was Sie eigentlich von dem Kontakt wollen.

Drittens: Ehrlichkeit beim Profil

Ob Ihre Position, Ihre früheren Arbeitgeber oder Ihre Hobbys: Die Versuchung ist groß, die eigenen Angaben in ein etwas besseres Licht zu rücken. Doch sei ausdrücklich davor gewarnt, den aktuellen Job oder den bisherigen Karriereweg erfolgreicher darzustellen, als es der Wahrheit entspricht. Kollegen und Bekannte werden erkennen, wenn sich der einfache Angestellte im Internet die Position eines Managers zuschreibt. Auch bei der Nennung von Unternehmensnamen sollten Sie es nicht übertreiben. Wer bei der Tochterfirma eines Großunternehmens eine Position bekleidet, hat diesen Posten nicht beim Mutterhaus. Als Abteilungsleiter der Klein AG sollten Sie sich also nicht zum Abteilungsleiter der Groß AG machen. Führen Sie schlussendlich nicht jede Position auf. Zweiwöchige Ferien- oder Übergangsjobs verwässern die Vita.

Viertens: Zurückhaltung auf dem Jahrmarkt der Eitelkeiten

„Übrigens rate ich, wenn man sich so weit in seiner Gewalt haben kann, mit so wenig Menschen wie möglich vertraulich zu werden, nur einen kleinen Zirkel von Freunden zu haben, und diesen nur mit äußerster Vorsicht zu erweitern."
(Adolph Freiherr Knigge)

Dieses Zitat Knigges ist in der heutigen Zeit, in der viele Menschen in Netzwerken ungefragt alles von sich preisgeben, aktueller denn je. Sorgen Sie zwar dafür, dass Ihr Online-Profil in einem Netzwerk interessant ist – verraten Sie jedoch niemals alles über sich. Warum sollte sich noch jemand für Sie interessieren, wenn Sie bereits in Ihrem

Profil alles mitgeteilt haben? Wo bleiben beim tatsächlichen Kennenlernen die Überraschungsmomente, wenn Sie sie gar nicht erst zulassen?

Noch schlimmer als das ausführliche Beschreiben privater Vorlieben und Hobbys ist es jedoch, selbst bei diesen zu übertreiben. Nicht wenige haben beim Hobby „Golf" vermerkt, weil sie vom Glanz eines elitären Sports profitieren wollen – obwohl sie in Wahrheit weder Platzreife haben noch ein Eisen vom Holz unterscheiden können.

Fünftens: Geben und Nehmen

> *„Interessiere Dich für andre, wenn Du willst, dass andre sich für Dich interessieren sollen! Wer unteilnehmend, ohne Sinn für Freundschaft, Wohlwollen und Liebe, nur sich selber lebt, der bleibt verlassen, wenn er sich nach fremdem Beistande sehnt."*
> *(Adolph Freiherr Knigge)*

Netzwerke funktionieren nur dann, wenn sich alle Seiten gleichermaßen einbringen. Achten Sie aus diesem Grund darauf, nicht nur die Rubrik „Ich biete" auszufüllen, sondern ebenso die Rubrik „Ich suche". Online-Netzwerke sind nicht geschaffen, um ausschließlich die eigenen Erfolge zu preisen und Leistungen anzubieten. Wer nur über sich redet, wirkt eitel und arrogant.

Sechstens: Privates und Geschäftliches trennen

Auch wenn Sie bei Facebook unterscheiden können, mit welchen Freunden Sie welche Informationen teilen, sollten Sie die Wirkung der jeweiligen Netzwerke an sich bedenken. Es ist davon abzuraten, sich mit Kollegen und Geschäftspartnern auf Facebook zu vernetzen. Der gesamte Umgangston sowie die Intention des Netzwerks unterscheiden sich grundlegend von professionellen Business-Lösungen wie XING.

Klassische Netzwerke

Bevor Sie in einen Klub eintreten, sollten Sie sich fragen, weshalb Sie dies tun und ob Sie Zeit dafür haben. Überlegen Sie sich, ob Sie nicht schon viele Menschen kennen, diese Kontakte aber zu wenig nutzen. Das naheste Netzwerk besteht aus Eltern, Bekannten und Freunden. Wer sich hier schon kaum für andere interessiert und einbringt, hat auch in anderen Netzwerken selten mehr Erfolg.

Netzwerke leben von Verlässlichkeit und Pflege. Treten Sie daher nicht lediglich aus einem bestimmten Anlass einem Netzwerk bei. Es ist äußerst unhöflich, ein Netzwerk nur einmalig zum eigenen Nutzen zu verwenden und danach fallen zu lassen. Für gewöhnlich funktioniert diese Taktik auch nicht. Treten Sie daher rechtzeitig bei, zeigen Sie Interesse und bringen Sie sich ein – auch wenn Sie einmal gerade kein bestimmtes Ziel verfolgen.

Auf den Punkt gebracht

- Netzwerke beruhen auf Gegenseitigkeit: Wer etwas nimmt, muss etwas geben.
- Netzwerke funktionieren durch Verlässlichkeit: Wer bereits bei Titel, Position oder Arbeitgeber lügt, schadet sich und anderen.

- Netzwerke müssen nicht groß sein: Wichtiger als die Quantität der Kontakte ist deren Qualität.
- Verlangen Sie niemals Dinge, die andere nicht für Sie erledigen können, und erweisen Sie keine Dienste, wenn Sie dadurch gegen Grundsätze verstoßen.

17.00 Uhr: Verhandlung

Gelassenheit und Contenance sind grundlegende Kniggetugenden. Doch bei Verhandlungen werden förmliche Geschäftsleute immer wieder ausfallend und unsachlich. Die Folge sind Beleidigungen und unheilbare (Image-) Schäden. Denn: Was nützen korrekte Benimmregeln und freundlich aufgehaltene Türen, wenn der wahre Charakter in einer Verhandlung als Fratze zum Vorschein kommt?

Stillstand durch unpassende Verhandlungen

Terrorgruppe, Rumpelstilzchen, Außerirdische, Super-Nanny: Wie schnell eine Verhandlung eskalieren und gegen Kniggeregeln verstoßen kann, zeigte der Bahnstreik in Deutschland im Winter 2007. Der Chef der Lokführergewerkschaft GDL, Manfred Schell, bezeichnete die Bahn-Personalchefin Margret Suckale als Super-Nanny und Bahnchef Hartmut Mehdorn als Außerirdischen. Mehdorn indes erklärte, Schell sei ein Rumpelstilzchen und der Anführer einer Terrorgruppe. Der Tarifstreit hat lehrbuchhaft gezeigt, wie schnell eine Verhandlung unfair werden kann. Beide Parteien hatten die Streikgespräche zu schnell öffentlich gemacht und mit persönlichen Gefühlen angereichert. Die Öffentlichkeit wurde Zeuge, wie sich Positionen verhärteten und wie die Verhandlungsführer versuchten, sich gegenseitig einen Gesichtsverlust zuzufügen.

Wie das Beispiel zeigt, können Verhandlungen binnen weniger Minuten festgefahren werden. Dabei ist es gar nicht schwer, höflich und sauber zum Ziel zu kommen. Der Verhandlungsknigge zeigt in fünf Schritten, wie das geht:

Definieren Sie Ihre Verhandlungsziele

Immer wieder gehen Teilnehmer in Verhandlungen, ohne sich über die Ziele Gedanken gemacht zu haben. Stattdessen heißt es, man wolle erst einmal darüber reden. Das Problem bei diesem Vorgehen ist folgendes: Wer ein Ziel verfolgt, muss Ross und Reiter nennen. Anderenfalls wird um den heißen Brei herumgeredet und die andere Partei hört nicht heraus, worum es eigentlich geht. In der Folge reden beide Verhandlungspartner aneinander vorbei. Sie fühlen sich missverstanden, zweifeln an der Auffassungsgabe des anderen – und werden schnell beleidigend. Wenn Sie eine Verhandlung planen, definieren Sie Ihre Verhandlungsziele genau und verstecken Sie diese nicht hinter Pauschalisierungen. Wer ein neues Arbeitszimmer will, darf nicht von besseren Arbeitsbedingungen sprechen und jammern, der Job werde immer anspruchsvoller.

Finden Sie geeignete Sachargumente

Wenn Sie Ihre Ziele formuliert haben, sollten Sie nach Begründungen suchen, die diese untermauern. Immer wieder scheitern Verhandlungen, weil stets dieselben Argumente angeführt werden. Das Wiederholen gleicher Begründungen führt jedoch zu überhöhter Lautstärke und damit direkt in eine Verhandlungssackgasse. Suchen Sie stattdessen nach mehreren unterschiedlichen Argumenten. Gute Verhandlungen beginnen zudem mit einer professionellen Vorbereitung. Wenn Sie zehn Argumente gefunden haben, sollten Sie diese ordnen. Bringen Sie das beste Argument niemals zu Beginn an, sondern eher am Ende.

Achten Sie auf die Wirkung Ihrer Argumente

Eine Rhetorikregel besagt, dass die Chance der Zustimmung nach dreimaligem Nicken besonders groß ist. Merken Sie sich, auf welche Argumente Ihr Gegenüber positiv reagiert. Fassen Sie diese Punkte zusammen und krönen Sie sie mit Ihrem Joker. „Sie finden, dass ich erstens, zweitens, drittens. Darüber hinaus biete ich viertens. Mein Ziel ist daher nur logisch."

„Interessiere Dich für andre"

Dieses Kniggemotto gilt auch bei Verhandlungen. Denken Sie nicht nur an Ihre Vorteile, sondern versetzen Sie sich ebenso in die Lage des Gesprächspartners – auch schon bei der Vorbereitung. Nur wenn Sie sich Gedanken über die andere Interessenslage machen, können Sie Argumente finden, die die Gegenseite überzeugt. Während der Verhandlung sollten Sie aufmerksam zuhören, um nicht desinteressiert zu wirken.

Geduld statt Unterbrechungen

Ungeduld ist ein großer Kniggefehltritt. Sie entsteht vor allem, wenn man sich unverstanden fühlt und die Verhandlungen stillstehen. Zur Geduld gehört es in solchen Situationen, den anderen aussprechen zu lassen und ihm nicht ins Wort zu fallen. Falls Sie Angst haben, einen wichtigen Punkt zu vergessen, machen Sie sich eine Notiz und kommen Sie darauf zurück, wenn der andere geendet hat.

Verlieren Sie nie die Beherrschung oder zeigen Sie Emotionen. Falls Sie in der Hierarchie über dem Verhandlungspartner stehen, sollten Sie Ihre Dominanz nicht durch Machtdemonstrationen beweisen. Dies erzeugt ein raues Klima und führt in die unprofessionelle Gefühlsargumentation.

Unterbreiten Sie Alternativen

Überlegen Sie sich bereits bei der Vorbereitung, mit welchem Minimalziel Sie zufrieden sind und auf welche Kompromisse Sie sich einlassen können. Passen Sie Ihre Forderungen den Gegebenheiten flexibel an. Niemand verlangt, dass Sie sofort auf einen Vorschlag eingehen. Daher kann es hilfreich sein, eine Verhandlungspause zu verlangen, in der Sie die neue Sachlage in Ruhe überdenken können.

Auf den Punkt gebracht

- Bereiten Sie sich auf die Verhandlung vor, tragen Sie Argumente zusammen.
- Bewahren Sie Ruhe. Werden Sie niemals persönlich oder emotional.
- Seien Sie nicht stur, arbeiten Sie an Alternativen.
- Zeigen Sie Interesse an der anderen Position.
- Vermeiden Sie Wörter wie „alle“, „nie“, „immer“, „jeder“ oder „ständig“. Diese verquicken die aktuelle Verhandlung mit früheren und andere Sachverhalten.
- Killerphrasen wie: „Das bringt doch nichts“ oder „Das haben wir noch nie gemacht“, sind tabu.

18.00 Uhr: Die Firmenfeier

Auf den folgenden Seiten soll es um kleine Zusammenkünfte unter Mitarbeitern gehen. Gemeint sind Treffen, wie eine wöchentliche Kuchenzeit, ein monatliches Get-together – aber auch die jährliche Betriebsweihnachtsfeier. Ziel solcher Zusammenkünfte ist es, dass sich Mitarbeiter abteilungsübergreifend kennenlernen und austauschen. Damit die Bescherung nach einer Weihnachtsfeier nicht neun Monate später oder am Folgetag in Form einer Kündigung folgt, finden Sie in diesem Firmenfeier-Knigge zahlreiche Tipps.

Der Kuchenhamsterer

In einem Unternehmen arbeitete ein junger Mitarbeiter, der vor allem dadurch auffiel, dass er nicht auffiel. Einmal in der Woche jedoch war er der Erste: Zur wöchentlichen Kuchenzeit stürmte er pünktlich in die Küche, um sich einen Teller voll zu nehmen und danach an den Arbeitsplatz zurückzukehren. Allerdings war dieser Mitarbeiter so immun gegen Peinlichkeit, dass er die Fragen der anderen Mitarbeiter, welche der fünf Sorten am besten schmecke, stets aufrichtig beantwortete – weil er immer alle Varianten probiert hatte. Auch die Tatsachen, dass andere seinetwegen leer ausgingen und dass selbst der Vorstand, der das große Kuchenessen veranstaltete, oftmals nur noch Krümel vorfand, änderten das Verhalten des Kuchenhamsterers nicht.

Dresscode bei Firmenfeiern

Bei Zusammenkünften nach Feierabend tragen Sie natürlich das, was Sie ohnehin gerade anhaben. Bei Firmenveranstaltungen, wie einer Weihnachtsfeier oder einem Sommerfest, sollten Sie sich jedoch an die Vorgaben halten, die Ihnen gemacht werden. Dabei gelten für Männer und Frauen folgende Regeln:

- Business-Suit = gedeckter, dunkler Geschäftsanzug, der kein Aufsehen erregt. Darunter gehören ein normales Oberhemd und eine Krawatte oder eine Fliege. Mit diesem Kleidungsstil liegen Sie richtig, wenn eine elegante oder gehobene Garderobe erwartet wird. Wenn beim Mann ein dunkler Anzug verlangt wird, entscheidet sich die Frau für eine elegante Tageskleidung. Möglich wären etwa ein Kleid mit passender Jacke, ein elegantes Kostüm oder ein Hosenanzug. Tipp: Je konservativer die Veranstaltung, desto passender sind Rock oder Kleid. Wichtig: Keine auffallenden Muster oder Farben wählen.
- Lounge-Suit = Der Anzug darf etwas heller sein, etwa für eine Gartenparty. Frauen sollten sich hier für ein Sommerkleid mit Strickjacke entscheiden.
- Black Tie, Cravate noire, Tuxedo = Smoking wird nur am Abend getragen (ab 19 Uhr) und heißt auch „kleiner Abendanzug" – im Gegensatz zum großen Abendanzug (Frack). Den Smoking ergänzt immer eine schwarze Fliege, einen Frack eine weiße Fliege. Ein Smoking ist meist schwarz oder tiefblau. Frauen tragen als Pendant je nach Anlass ein schlichtes langes (Abend-)Kleid oder ein Cocktailkleid.

In Frack und Abendkleid zum Staatsbankett

Dass sich Kleidungsvorschriften ändern können, erläutert das sogenannte Protokollreferat, das beispielsweise die Gäste des Bundespräsidenten betreut. So berichtet eine Mitarbeiterin: „Als Anfang der 80er-Jahre Hosenanzüge in Mode kamen, riefen mich weibliche Abgeordnete an und fragten, ob sie statt eines langen Abendkleides auch einen Hosenanzug anziehen könnten. Das war bis dahin tabu. Seit dieser Zeit steht in unseren Einladungen nicht mehr ‚Smoking/langes Kleid', sondern ‚Smoking/Abendkleid'. Heute ist es selbstverständlich, dass Abendkleider auch kurz sein oder durch Hosen ersetzt werden können."

Wenn keine Angaben zum Dresscode gemacht werden, können Sie in der Kommunikationsabteilung des Unternehmens nachfragen. Kleiden Sie sich auf jeden Fall etwas eleganter als gewöhnlich. Eine Krawatte können Sie im Notfall immer abgelegen und mit einem Oberhemd beziehungsweise mit Bluse und Stoffhose sind Sie niemals overdressed. Wenn indes bei einer Sommerveranstaltung ausdrücklich von Freizeitkleidung die Rede ist, bleibt der Anzug zu Hause. In diesem Fall ist ein Polo- oder ein hochgekrempeltes Langarmhemd die richtige Wahl.

Kuchenzeit und andere Get-togethers

Wöchentliche oder monatliche Zusammenkünfte dauern meist 20 bis 60 Minuten und eignen sich hervorragend für einen kleinen Plausch mit den Kollegen. Finden Sie sich pünktlich dazu ein und kommen Sie nicht mehr als fünf Minuten zu spät. Eine Unsitte ist es, auf seinen überladenen Schreibtisch und den Stapel mit Arbeit zu verweisen. Andere Kollegen haben auch viel zu tun und machen sich deshalb dennoch nicht wichtig.

Zurückhalten beim Essen

Wenn es zu der Zusammenkunft eine Kleinigkeit zu essen gibt, sollte sich jeder in Zurückhaltung üben. Falls etwas aufgeschnitten werden muss, ist es eine schöne Geste, nicht nur selbst den Teller zu füllen, sondern auch die Teller einer Hand voll anderer Mitarbeiter. Dabei erhalten die Ranghöheren zuerst. Ist ein kleines Büfett aufgebaut, gehen Sie nicht direkt darauf zu, sondern warten Sie ein paar Minuten.

!

Networking statt Hungerstillen

Bei einem Get-together dienen die Häppchen nicht zum Hungerstillen oder gar als Wegzehrung für den Arbeitsplatz. Solche Zusammenkünfte veranstaltet das Unternehmen schließlich nicht, damit sich die Mitarbeiter ihre Ration holen und in ihrem Büro zu sich nehmen. Es geht vielmehr darum, mit Kollegen aus anderen Abteilungen ins Gespräch zu kommen.

Wenn Sie etwas zu essen oder zu trinken haben, stellen Sie sich am besten im Kreis mit Ihren Kollegen auf. Schleichen Sie sich nicht von hinten an bestehende Gruppen an. Wenn man Sie nicht bemerkt, können Sie kurz auf sich aufmerksam machen und sich dazugesellen. Falls Sie sich bereits in einer Gesprächsgruppe befinden, achten Sie darauf, den Kreis im Gegenzug für andere offen zu halten.

Die Regel, nach der man mit vollem Munde nicht spricht, hat natürlich auch hier Gültigkeit. „Erst kauen und schlucken – danach sprechen", lautet die Devise.

Apropos: Als Themen eignen sich das gegenwärtige Geschehen im Unternehmen ebenso wie aktuelle bunte Geschichten. Seien Sie jedoch bei Kritik äußerst behutsam. Selbst wenn es gerade einmal nicht so gut läuft oder es an bekannten Prozessen hakt, sollten Sie dies nicht über alle Maßen thematisieren. Unter Kollegen könnten Sie sonst als Miesepeter abgestempelt werden. Andererseits kann die Kuchenzeit eine gute Gelegenheit sein, ein Problem noch einmal bei einem Entscheidungsträger auf die Agenda zu rufen, um später mit ihm in Ruhe darüber zu sprechen.

Die Weihnachtsfeier und das Sommerfest

Flirts, Schäkereien, wilde Tänze, Witze: Nicht wenige Unternehmen lassen es zur Betriebsweihnachtsfeier oder beim Sommerfest derart krachen, dass sie in der eigenen Stadt zunehmend Probleme haben, einen Gastronomen zu finden, der ihnen seine Räumlichkeiten überlässt.

Duzen und siezen nach dem Rausch

Ihnen wird zur Weihnachtsfeier das „Du" angeboten? Dies auszuschlagen, wäre sehr unhöflich. Wenn Ihnen das „Du" noch im nüchternen Zustand offeriert wurde, können Sie es getrost annehmen und auch am Folgetag so handhaben. Falls der oder die Vorgesetzte jedoch schon etwas getrunken hatte, sollten Sie sie beziehungsweise ihn am folgenden Tag zunächst weiterhin siezen. Wenn Sie daraufhin nochmals das „Du" angeboten bekommen, entschuldigen Sie sich. Sagen Sie jedoch nicht, Sie hätten das gestrige „Du" nicht ernst genommen, weil schon Alkohol geflossen war. Das wäre sehr beleidigend. Reden Sie sich besser heraus, indem Sie beispielsweise sagen: „Entschuldige. Ich muss mich noch an das Du gewöhnen." Die Regeln, nach denen man sich das „Du" anbietet, sind klar: Die Offerte darf immer nur vom Ranghöheren ausgehen.

Firmenwagen und andere Beförderungen

Neben dem kameradschaftlichen „Du" gibt es zu fortgeschrittener Stunde noch viele andere Versprechen. Egal ob die Gehaltsverhandlung oder der Dienstwagen, vergessen Sie alles unter Alkoholeinfluss Gesagte und sprechen Sie den Vorgesetzten nicht darauf an. Lediglich wenn der Ranghöhere in den Folgetagen von selbst auf das Thema zu sprechen kommt, ist es von Wert.

Sind Sie selbst in der Position des Chefs, trinken Sie einfach etwas weniger und denken Sie daran, welche unangenehmen Folgen leichtfertig abgegebene Versprechen haben. Falls Sie jemandem eine Gehaltserhöhung geben wollen, können Sie ihm dies auch bei einem Mittagessen oder zu einer anderen Gelegenheit sagen.

Berührungen & Belästigungen

Einige Mitarbeiterinnen und Mitarbeiter suchen nach dem dritten Glas Wein körperliche Nähe. Falls Sie zum Schulteranlehnen oder für sonstige Belästigungen auserkoren wurden, machen Sie deutlich, dass Sie dies nicht wünschen. Den Kollegen auf seinen Alkoholkonsum hinzuweisen, steht Ihnen nicht zu. Besser: Ignorieren Sie ihn einfach. Wenn er nicht ablässt, entschuldigen Sie sich und behaupten Sie, Sie müssten noch etwas mit einem Kollegen besprechen.

Umarmungen und eindeutige Berührungen sollten Sie stets abwehren. Denken Sie daran, dass Sie auch von anderen Mitarbeitern gesehen werden und der Gerüchteküche freien Lauf lassen, wenn Sie nicht sofort einen Riegel vorschieben. Sprechen Sie am besten mit möglichst vielen verschiedenen Mitarbeitern. So ist es für andere schwer, sich an Sie „dranzuhängen". Haben Sie tatsächlich körperliches Interesse an einer Kollegin oder einem Kollegen, kann dies auch bis nach der Weihnachtsfeier warten. Wenn es Ihnen wichtig ist, sollten Sie den ersten Schritt niemals bei der Weihnachtsfeier machen, sondern besser einige Tage danach.

Alkohol

„In vino veritas" – heißt es bekanntlich. Zu viel der Wahrheit wird es jedoch, wenn Sie einer Kollegin oder einem Kollegen Ihre Zuneigung offenbaren oder über ein geheimes Unternehmensprojekt plaudern. Ähnlich schlimm sind peinliche Tanzvorstellungen oder obszöne Witze. Selbst wenn der Rest der Belegschaft nicht mehr klar sieht, sollten Sie sich nicht zu Grimassen oder Bauchtanzvorführungen hinreißen lassen. Tabu sind ebenfalls frauenfeindliche und unsittliche Witze.

In weiser Voraussicht keinen Alkohol zu konsumieren, wäre jedoch auch unangemessen. Trinken Sie stattdessen mit

Bedacht und vor allem zwischendurch unbedingt alkoholfrei. Essen Sie vielleicht schon am Arbeitsplatz ein zusätzliches Sandwich, um mehr zu vertragen. Verzichten Sie zu fortgeschrittener Stunde auf Taschenrutscher oder sonstiges Hochprozentiges. Diese Regeln gelten unabhängig von der Hierarchiestufe. Wenn Sie sich betrinken wollen, sollten Sie dies mit guten Freunden und im privaten Rahmen tun – aber niemals während einer Betriebsfeier.

Der Tag danach

Der Tag danach ist eigentlich wie der Tag davor. Während man sich in anderen Ländern nach einer gemeinsamen Feier tatsächlich näher ist, bleiben hierzulande Hierarchien und Umgangsformen bestehen. Die Maßgabe lautet also: „business as usual". Dazu gehört auch der pünktliche Arbeitsbeginn. Agieren Sie nach dem Motto „Work hard – play hard" und kommen Sie am nächsten Tag auf keinen Fall zu spät. Wer verkatert mit einer zweistündigen Verzögerung erscheint, verspielt unnötig sein Ansehen. Nehmen Sie daher in weiser Voraussicht nach der Weihnachtsfeier Kopfschmerztabletten und trinken Sie viel Wasser. Duschen Sie etwas länger und versuchen Sie, eine Kleinigkeit zu frühstücken. Der größte Kniggefehler ist es, sich auf Arbeitgeberkosten krankzumelden. Denken Sie daran, dass es anderen Kollegen auch nicht besser geht, und verhalten Sie sich an dem Tag einfach ruhig. Überdenken Sie jeden Schritt mehrfach und lüften Sie regelmäßig Ihr Zimmer.

Falls sich am Schreibtisch vor Ihrem geistigen Auge der Vorabend wie ein Puzzle zusammensetzt und Sie feststellen müssen, jemand anderes beleidigt zu haben, gehen Sie zur betroffenen Person und entschuldigen Sie sich aufrichtig.

Auf den Punkt gebracht

- Kleiden Sie sich angemessen feierlich und nicht nachlässig. Hemd beziehungsweise Bluse sind ein Muss.
- Halten Sie sich mit Alkohol zurück, trinken Sie zwischendurch alkoholfrei.
- Verbringen Sie den Abend nicht nur mit dem Lieblingskollegen, sondern unterhalten Sie sich auch abteilungsübergreifend. Nutzen Sie die freie Platzwahl.
- Sprechen Sie zur Weihnachtsfeier oder zum Sommerfest nicht über Geschäftliches, Politisches oder zu sehr Privates.
- Seien Sie sich darüber im Klaren, dass Sie zur Weihnachtsfeier von Vorgesetzten beobachtet werden.
- Gute Gäste wissen, wann es Zeit ist zu gehen. Setzen Sie sich in Bewegung, wenn die meisten anderen Kollegen den Heimweg antreten.
- Widerstehen Sie der Versuchung, mit einigen Kollegen nach der Betriebsweihnachtsfeier oder dem Sommerfest durch weitere Klubs zu ziehen.
- Der Tag danach ist wie der Tag davor.

20.00 Uhr: Vorbereitung von Auslandsreisen

„Es ist weise gehandelt, bevor man ausreist, aus Büchern oder mündlichen Erzählungen sich genau von dem Wege, den man nehmen will, von demjenigen, was unterwegens und in den Örtern, die man besuchen möchte, zu bemerken, zu beobachten und zu vermeiden ist (...)." (Adolph Freiherr Knigge)

Korruption, Gastgeschenke, falsch verstandene Kritik, Unkenntnis über das Land, andere Tischmanieren, ungewohnte Meetings: Damit Geschäftsreisen ins Ausland nicht zum Kniggedesaster werden, sollten Sie sich ausführlich vorbereiten. Das letzte Kapitel dieses Buches hilft Ihnen, Ihre Wahrnehmung für die Besonderheiten einer Auslandsgeschäftsreise zu schärfen.

Landeskenntnis aneignen

Wird der luxemburgische Geschäftspartner auf Französisch oder auf Deutsch begrüßt? Spricht man mit einem Belgier Niederländisch oder Englisch? Wo liegt der Unterschied zwischen England und dem Vereinigten Königreich? Wann ist der französische Nationalfeiertag? Die Liste der Fragen ließe sich endlos weiterführen und zeigt: Was die Landeskenntnis angeht, kommt man selbst bei Deutschlands Nachbarländern schnell ins Schlingern. Wissenslücken gibt es also nicht nur über entfernte Länder wie China, Japan oder Indien.

Aus diesem Grund sollten Sie sich vor jeder Geschäftsreise ins Ausland über Ihre Destination und einige Landesbesonderheiten informieren. Mangelnde Landeskenntnis wird besonders in angrenzenden Staaten schnell als Desinteresse interpretiert. Dabei sind dies genau jene Länder, mit denen Deutschland das meiste Geschäft macht. Frankreich, England, Italien und die Benelux-Staaten gehören zu Deutschlands wichtigsten Handelspartnern. Frankreich steht sogar auf Platz eins.

Wenn Sie sich nicht über das Land informieren, wird dies nicht nur als Desinteresse missverstanden. Viele Geschäftspartner könnten sogar am Intellekt zweifeln.

Kurze Internet- und Literaturrecherche

Geben Sie Ihr zukünftiges Geschäftsreiseziel in die freie Internetenzyklopädie www.wikipedia.de ein. Dort erfahren Sie in fünf Minuten etwas zu den regionalen Gegebenheiten, zu Sprachbesonderheiten, zur Geschichte, zur aktuellen Politik und zur Wirtschaft. Ein kurzer Blick in einen üblichen Reiseführer verschafft ebenfalls einen guten Überblick über Land und Leute.

Lernen durch Beobachtung

„When in Rome, do as the Romans do" – wenn man in Rom ist, sollte man sich wie die Römer verhalten. So lautet ein Motto, das auch Sie gut anwenden können. Es ist wichtig, dass Sie sich vor und während Ihrer Reise von Vorurteilen befreien und Ihre Augen öffnen.

Tischmanieren in Indien oder China? Beobachten Sie Ihren Geschäftspartner! Falls Sie dennoch einmal versehentlich die Stäbchen in den Reis stecken (Opfergabe) und darauf hingewiesen werden sollten, entschuldigen Sie sich vielmals. Kleine Malheure lassen sich fast immer aus dem Weg räumen und vielfach umgehen, wenn Sie genau beobachten, wie sich Ihr Gegenüber verhält. Das gilt auch bei der Begrüßung: Wenn Ihnen der Engländer nicht die Hand reicht, genügen möglicherweise ein Nicken und ein Gruß. Wenn Sie der Argentinier an die Brust drückt, sollten Sie es ihm gleichtun. Agieren Sie einfach mit einer Sekunde Verzögerung und schauen Sie sich wichtige Gesten und Umgangsformen ab.

Meeting: Alles bleibt anders

Die Meetingkultur im Ausland unterscheidet sich grundlegend von jener in Deutschland. Während Teilnehmer hierzulande die Tagesordnungspunkte Schritt für Schritt abhandeln, wird in Ländern wie den USA, England oder auch Belgien wesentlich stärker improvisiert. Als Deutscher sollten Sie sich auf diese Besonderheit einstellen. Wenn Sie als Geisel deutscher Akkuratheit auf das Einhalten der Tagesordnung bestehen, könnte dies als besserwisserisch und kleinlich gewertet werden.

Unterbrechungen als Kniggeturbo und Kniggebremse

Auch die Kommunikationsweise während der Meetings ist von Land zu Land grundverschieden. Wie bereits beschrieben, ist es in Deutschland sehr unhöflich, eine andere Person zu unterbrechen. In Japan gehen die Menschen sogar noch einen Schritt weiter: Die Geschäftspartner lassen zwischen dem Gesagten eine erkennbare Pause als Zeichen des Respekts. Diese Pause beweist ebenso die Intelligenz und Weisheit des Gesprächspartners – weil er über das Gesagte nachdenkt. Schnelle Antworten können Sie in Japan also in ein falsches Licht rücken. Auf diese Besonderheit müssen Sie sich unbedingt vorbereiten, weil sie den hiesigen Sprachgewohnheiten sehr entgegenläuft.

Das ganze Gegenteil davon ist in südamerikanischen Ländern und bereits in Spanien oder Italien der Fall. Einerseits ist die Sprache anders aufgebaut. Weil das Wichtigste stets zu Beginn des Satzes gesagt wird und nicht wie im Deutschen am kilometerweit entfernten Ende steht, erübrigt sich die Regelung: „Lassen Sie mich erst einmal aussprechen." In diesen Kulturen wird unsere zurückhaltende Kommunikation sogar als Zeichen von Desinteresse gewertet. Stellen Sie sich also darauf ein, in Südamerika rege an Diskussionen teilzunehmen. Unterbrechungen deuten dort nicht auf mangelnden Respekt hin, sondern zeigen, dass Sie mit Leidenschaft dabei sind.

Abschlussorientiertheit versus Beziehungsorientiertheit

Wenn Deutsche ins Ausland reisen, machen sie gerne Nägel mit Köpfen. Das beginnt bereits bei der Kontaktaufnahme. Deutsche greifen zum Telefonhörer oder schreiben eine E-Mail, in der sie sofort zum eigentlichen Anliegen kommen. Das führt in beziehungsorientierten Kulturen, etwa in Indien, Asien, Südamerika oder auch Südeuropa, jedoch nur selten zum Erfolg. Die dortigen Geschäftspartner möchten wissen, auf wen sie sich einlassen. Sofort mit der Tür ins Haus zu fallen und sich nicht für das menschliche Gegenüber zu interessieren, ist ein Kniggefehltritt und führt meist zum Scheitern.

Was einfach klingt, ist für Deutsche vor, während und nach dem Geschäft schwer nachzuvollziehen. Viele deutsche Geschäftsleute haben Probleme mit Small Talk und können sich nicht vorstellen, einen Geschäftspartner einfach so zu kontaktieren – ohne etwas Konkretes von ihm zu wollen.

Investieren Sie Zeit

Abschlussorientierte Deutsche tun sich oftmals schwer damit, Zeit in etwas zu investieren, was scheinbar ohnehin in trockenen Tüchern ist oder nichts mit dem Geschäft zu tun hat. Das wirkt sehr unhöflich. Im Ausland ist es oftmals umgekehrt.

Falls Sie etwa nach Russland reisen, erhalten Sie dort mit großer Wahrscheinlichkeit vor dem Geschäftstermin eine Stadtführung und am Abend geht man mit Ihnen ins Theater. Auch in anderen Ländern nutzen viele ausländische Geschäftspartner die Gelegenheit, Ihnen etwas von der Stadt oder dem Leben zu zeigen. Planen Sie daher etwas mehr Zeit ein und honorieren Sie die Mühe. Seien Sie interessiert und notieren Sie sich, was Sie unternommen haben. Falls der Geschäftspartner selbst einmal zu Besuch kommt, sollten Sie ihm unbedingt ein ähnliches Programm bieten. Dazu gehört auch, dass Sie einen Teil Ihrer privaten Freizeit für das Berufliche opfern.

Auf den Punkt gebracht

- Nutzen Sie zur Kontaktaufnahme Außenhandelskammern, bestehende Kontakte, regionale Politiker oder spezielle Handelsdelegationen.
- In Ländern wie Indien oder China gilt: Reden Sie beim erstmaligen Treffen nicht sofort über das Geschäft. Fragen Sie nach Hobbys oder Urlaubsreisen und erzählen Sie etwas über sich.
- Pflegen Sie die Geschäftsbeziehung, indem Sie zu bestimmten Feiertagen eine Postkarte oder eine kleine Aufmerksamkeit senden. Wünschen Sie einfach Gesundheit oder alles Gute.

Gefälligkeit oder Korruption?

Gerade in beziehungsorientierten Kulturen, zu denen auch die arabischen und asiatischen Länder gehören, sind kleine Geschenke und Aufmerksamkeiten Bestandteil des Alltags. In China gibt es für diese Gefälligkeiten sogar einen Namen – Guanxi. Damit ist das gegenseitige Geben und Nehmen gemeint. Stellen Sie sich vor der Geschäftsreise darauf ein, niemals direkt einen Wunsch auszuschlagen. Sagen Sie stattdessen, dass Sie Ihr Möglichstes tun werden. Im Gegenzug können auch Sie sich der Hilfe bewusst sein, wenn Sie diese benötigen.

Eine besondere Rolle spielen Gastgeschenke in Japan. Falls Sie dorthin reisen, sollten Sie nicht nur ausreichend Visitenkarten dabeihaben, sondern vor Ort sofort Kleinigkeiten kaufen, zum Beispiel Süßigkeiten (Kekse, Pralinen etc.). Bei Geschäftstreffen werden diese zu jeder Gelegenheit ausgeteilt. Neben diesen alltäglichen Geschenken können Sie gute Geschäftspartner auch zum Mittsommer, zu Neujahr oder zum Geburtstag mit einer Aufmerksamkeit beglücken.

Auf etwas größere Aufmerksamkeiten sollten Sie sich in den Vereinigten Arabischen Emiraten einstellen. Nehmen Sie diese an, solange es Ihnen nicht unangenehm ist.

Auf den Punkt gebracht

- Machen Sie Geschenke in der Größenordnung, in der Sie Geschenke erhalten haben.
- Notieren Sie sich, von wem Sie mit welchem (größeren) Präsent bedacht wurden, damit Sie sich korrekt revanchieren können.
- Achten Sie darauf, dass alkoholische Mitbringsel wie Wein oder Champagner bei Moslems unangebracht sind.
- Schenken Sie niemals sexuell anzügliche oder freizügige Figuren. Wählen Sie besser einen Bildband über Ihre Stadt oder Ihr Land.
- Vorsicht mit dem Verschenken von Uhren – diese stehen für Vergänglichkeit.

Der Grenze zwischen Geschenken und Korruption kann fließend sein. Besonders bei großen und seltenen Aufträgen ist die Gefahr groß, dass Ihr Gegenüber etwas nachhelfen will. Stellen Sie sich in afrikanischen Ländern und in Russland besonders darauf ein, dass es Bestechungsversuche geben wird. Nur wenn Sie sich darüber im Klaren sind, wissen Sie, wie Sie damit umgehen.

Grundsätzlich gilt: Korruption ist verboten und auch wenn es lange Zeit hieß, dass ohne Bestechung nichts ginge, müssen Sie darauf verzichten. Geschäfte kommen auch in Indien, Afrika oder Russland ohne Schmiergeldzahlungen zum Laufen – es dauert mitunter lediglich etwas länger. Halten Sie es ganz wie Knigge, der sagte: „Man erlaube sich keine Art von Bestechung (...)."

Auf den Punkt gebracht

- Bleiben Sie bei Bestechungsversuchen standhaft. Wenn Sie sich über Monate hinweg als unbestechlich erwiesen haben, wird man es einsehen und auch ohne Bestechung mit Ihnen ins Geschäft kommen.
- Weisen Sie den Geschäftspartner auf die Folgen von Bestechung hin. Erklären Sie, dass Bestechung mit Gefängnisstrafen geahndet wird und dass Sie sofort Ihren Job verlieren. Diese persönliche Ebene hilft.
- Weisen Sie auf das öffentliche Interesse und den Kampf gegen die Korruption hin. Das Unternehmen Siemens hat durch die Korruptionsaffäre einen großen Imageschaden erlitten und das Augenmerk auf das Thema weiter geschärft.
- Nehmen Sie Geschenke nur bis zu einer Größenordnung an, in der Sie das Geschenk auch selbst zu erwidern bereit sind. Ist das Geschenk wertvoll, aber noch als unabhängiges Präsent zu erkennen, können Sie es zum Beispiel bei der nächsten Betriebsfeier versteigern und den Betrag spenden.

Vorsicht vor direkter Kommunikation

Wenn in den USA Angestellte anfangen zu weinen, wenn in Indien der Gesprächspartner auf einen Schlag verstummt und wenn der Kunde in Japan zwar freundlich lächelt, aber das Gesagte nicht tut, könnte die deutsche direkte Kommunikationsweise daran schuld sein. Während in Deutschland für geradlinig und ehrlich gehalten wird, wer sagt, was er denkt, gilt er in vielen anderen Ländern als ungehobelter und unfreundlicher Zeitgenosse.

Stellen Sie sich vor der Reise unbedingt darauf ein, dass es in vielen Ländern kein „Nein" in unserem Sinne gibt oder ein „Nein" viel zu hart klingt, selbst wenn ein „Nein" gemeint ist. Zu diesen Ländern zählen besonders Japan, China, England und auch die USA.

! Umschreiben Sie „Nein"

Statt „Nein" sollten Sie stets Floskeln verwenden, wie: „Das könnte schwierig werden." oder „Wir werden alles versuchen."

Ihr Geschäftspartner weiß dann, dass es wahrscheinlich nichts wird. Diese Kommunikationsweise ist für Deutsche sehr schwierig, weshalb Sie sich unbedingt darauf vorbereiten sollten, zumal sie sich durch die gesamte Geschäftsreise zieht.

Das meiste Gesagte ist bei Weitem nicht so gemeint. Wenn Sie nach etwas gefragt werden („Darf ich Sie einladen?"), kann es sein, dass diesen Worten nie Taten folgen und sie lediglich Teil einer Höflichkeitsbekundung sind. Es wäre daher ebenso falsch, die vermeintliche Einladung anzunehmen wie sie mit einem „Nein" auszuschlagen. Sagen Sie besser: „Das ist sehr lieb von Ihnen." Ernst gemeint sind Dinge nur, wenn sie mehrfach geäußert werden.

How are you?

Ein bekanntes Beispiel für die Funktionsweise der indirekten Kommunikation ist die Frage „How are you?" (Wie geht es dir?). Deutsche tendieren dazu, auf diese Frage ehrlich zu antworten. Allerdings handelt es sich nur um eine Höflichkeitsfrage, die stets mit „gut" beantwortet wird und bei der eine ehrliche Antwort irritieren würde.

Die Tücken der direkten Kommunikation lauern auch beim Thema Kritik. Während es in Deutschland kein Problem ist, einem Geschäftspartner die Meinung zu sagen, kann dies in Ländern wie Japan, Indien oder in den USA zum Scheitern der Geschäftsbeziehung führen. Schlimmstenfalls fügen Sie dem ausländischen Kollegen oder Geschäftspartner sogar einen irreparablen Gesichtsverlust zu.

Kritik stets nett verpacken

Formulieren Sie Kritik stets durch die Blume und niemals so, wie Sie sie in Deutschland äußern würden. Wenn Sie unzufrieden sind, sagen Sie nicht: „Ich bin unzufrieden", sondern „Das ist schon ganz gut. Vielleicht könnten Sie dieses und jenes noch ändern." Kritische und absolute Wörter, wie „schlecht", „Unsinn" oder „unbrauchbar", müssen unbedingt abgeschwächt werden. Ihr Gegenüber versteht die Nachricht auch so.

Hochmut und Besserwisserei

Immer wieder wirken Deutsche auf Geschäftsreisen besserwisserisch, lehrerhaft und arrogant – obwohl sie es weder sind noch so gemeint haben. Der Knackpunkt ist die Wahrnehmung durch den ausländischen Geschäftspartner.

Überprüfen Sie daher, ob Sie in Ihrer Präsentation oder Vertragsverhandlung das Qualitätsmerkmal „Made in Germany" nicht übertrieben oft einsetzen. Kehren Sie zudem die bekannten deutschen Tugenden, wie Pünktlichkeit oder Akkuratheit, nicht übermäßig heraus. Erstens tragen Sie dieses positive Vorurteil als Deutscher ohnehin auf Ihrer Stirn, zweitens könnte der Geschäftspartner es als Wink mit dem Zaunpfahl missverstehen.

Wenn Sie Leistungen oder Produkte vergleichen, so dürfen Sie das niemals über die Herkunft tun. Ihr Geschäftspartner wird gekränkt reagieren, wenn Sie Ihr Produkt über jenes aus seinem Land stellen und damit assoziieren, aus seinem Land gäbe es keine guten Produkte. Argumentieren Sie stets nur mit Fakten und niemals mit der Herkunft.

Zu guter Letzt sollten Sie extrem sparsam mit Tipps umgehen. Selbst wenn Ihre Prozesse effizienter sind oder Sie ein Meeting anders abhalten würden, sagen Sie einem Geschäftspartner niemals, was richtig oder falsch ist – oder verbessern Sie ihn gar. Kollegen und Geschäftspartner im Ausland sind bisher auch ohne gute Ratschläge von Deutschen durchs Leben gekommen. Stellen Sie sich darauf ein, dass Dinge im Ausland anders gehandhabt werden und dass Sie nicht der Oberlehrer sind, der einen Zustand ändern soll. Denken Sie daran, stets auf Augenhöhe zu agieren.

Zeitverständnis

Vereinfacht lässt sich sagen, dass die Uhr in beziehungsorientierten Kulturen einen weniger wichtigen Stellenwert einnimmt als in abschlussorientierten Ländern. So sollten Sie beispielsweise mit Verspätungen rechnen, wenn Sie nach Indien oder Südamerika fahren. Die Menschen dort haben ein polychrones Zeitverständnis, in dem jeder nach seiner eigenen Uhr lebt. In Japan indes hat die Zeit trotz der Beziehungsorientiertheit höchste Priorität. Stellen Sie sich darauf ein, dass Geschäftspartner in anderen Ländern unpünktlich kommen – von Ihnen als Deutscher wird jedoch stets Pünktlichkeit erwartet.

Wenn Sie in Regionen mit einem monochronen Zeitverständnis reisen (beispielsweise Europa, Nordamerika, Australien), informieren Sie sich genau über die Länge der Anfahrtswege, damit Sie pünktlich sind. Falls Sie sich verspäten sollten, teilen Sie dies ebenso wie in Deutschland kurz per Handy mit.

Auf den Punkt gebracht

- Bestätigen Sie Termine am Tag zuvor oder einige Stunden vor dem vereinbarten Zeitpunkt noch einmal telefonisch oder per Fax.
- Nehmen Sie sich Lesematerial mit, damit Sie eventuelle Wartezeiten effizient nutzen können.
- Sprechen Sie Geschäftspartner nicht auf deren Verspätung an.
- Seien Sie als Geschäftspartner stets pünktlich.

Körpersprache

Bei Geschäftsreisen ins Ausland gibt es eine ganze Palette von Besonderheiten in der nonverbalen Kommunikation zu beachten. Diese können in einem Kapitel nicht dargestellt werden, weshalb im Folgenden nur leuchtturmartig die wichtigsten Unterschiede und Besonderheiten genannt werden.

- Jemandem die Fußsohlen zu zeigen, ist in allen Ländern unhöflich. Dies in arabischen Ländern zu tun, ist jedoch die schlimmste Beleidigung. Lassen Sie daher die Füße immer auf dem Boden und achten Sie darauf, beim Hinsetzen das eine Bein nicht über das andere zu schlagen.
- Grundsätzlich sparsam umgehen sollten Sie in allen Ländern dieser Welt mit aggressiver Mimik. Versuchen Sie, sich Wut und Ärger nicht am Gesichtsausdruck (zusammengekniffene Augen, Zornesfalten) anmerken zu lassen, da dies in vielen Ländern als Schwäche verstanden wird und zum Gesichtsverlust führt.
- Verzichten Sie auf bestimmte Gesten. Das durch Daumen und Zeigefinger geformte „O", mit dem Sie in Deutschland großen Gefallen ausdrücken, ist in vielen Ländern eine obszöne Geste. Auch der nach oben ausgestreckte Daumen oder das Victory-Zeichen haben verschiedene Bedeutungen.
- Zeigen Sie nie mit dem Zeigefinger auf etwas und verwenden Sie in muslimischen Ländern nicht so oft die linke Hand. Diese ist den unreinen Aufgaben vorbehalten.

Dresscode

Beim Packen des Koffers gibt es weniger zu beachten, als Sie vielleicht zunächst denken. Wählen Sie einfach Ihre herkömmliche Businesskleidung. Denken Sie daran: Auch wenn die Geschäftsreise in ein warmes Land führt, reisen Sie nicht in den Urlaub.

Wählen Sie Anzüge oder Kostüme in dezenten und gedeckten Farben. Als Frau sollten Sie darauf achten, wenig Haut zu zeigen. Das ist auch in Deutschland nicht üblich, könnte aber im Ausland zu noch größeren Irritationen führen und Geschäftspartner sogar in ihrer Religiosität verletzen. Tragen Sie also Strumpfhosen und lassen Sie Kleidungsstücke mit wenig Stoff und tiefen Ausschnitten zu Hause. Geschlossene Schuhe und Krawatte sind Pflicht und zeigen, dass Sie einen Termin ernst nehmen.

Achten Sie stets darauf, dass Sie Kleidung von guter Passform und Qualität tragen. Es kommt dabei nicht auf die neueste Mode an, sondern darauf, dass Ihnen die Kleidung passt. Klassische Schnitte sind modernen Schnitten stets vorzuziehen.

Der Autor

Kai Oppel arbeitete viele Jahre freiberuflich als Journalist, unter anderem für die Financial Times Deutschland und für Spiegel Online.

Als Sachbuchautor hat er mehrere Titel veröffentlicht, darunter den Titel „Business Knigge international".

Impressum:

Verlag C. H. Beck im Internet: www.beck.de
ISBN: 978-3-406-66222-5

Wilhelmstraße 9, 80801 München

Lektorat und DTP: Text + Design Jutta Cram, 86157 Augsburg, www.textplusdesign.de
Umschlaggestaltung: Ralph Zimmermann – Bureau Parapluie
Umschlagbild: © Anna Yu – istockphoto.com
Druck und Bindung: Beltz Bad Langensalza GmbH, Neustädter Straße 1–4, 99947 Bad Langensalza

Gedruckt auf säurefreiem, alterungsbeständigem Papier (hergestellt aus chlorfrei gebleichtem Zellstoff)